縫拉鍊很有趣吧？
咦？
該不會覺得很難吧？

只要學會基本技巧，
上手之後，
就會覺得很有趣喔！

因為，想活用喜歡的零碼布作包包；
因為，手邊碰巧有顏色美麗的拉鍊；
因為，想要尺寸合用的各種場合包；
因為，想作成小禮物送人；
因為，想熟練的縫合拉鍊……

不管出於什麼動機，
讓您拾起本書，
只要能從中獲得提示，那就太棒了！

拉鍊波奇包──擁有再多也沒問題！
請與縫紉機、拉鍊壓布腳默契搭檔，
多作幾個吧！

越膳夕香

自己畫紙型！
拉鍊包設計打版圖解全書

越膳夕香

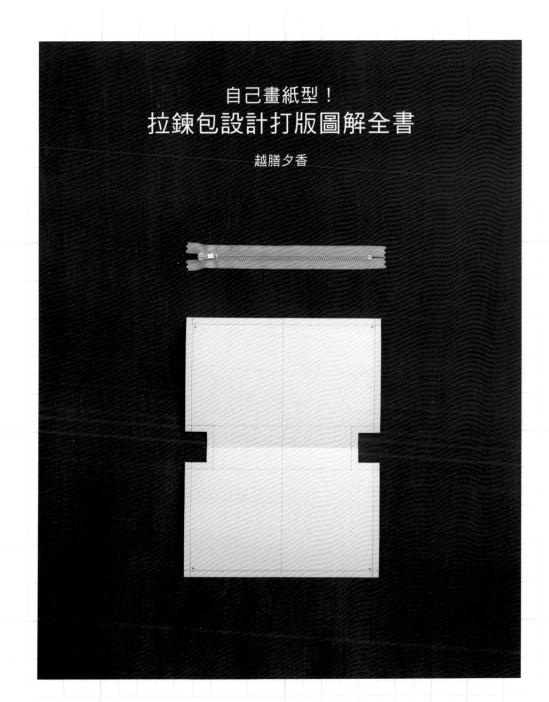

拉鍊波奇包基礎知識

掌握基本的拉鍊波奇包製作知識，動手作作看吧！

認識拉鍊

了解拉鍊的種類與調整長度的方法，以便熟練的加以運用。

〈 拉鍊種類 〉

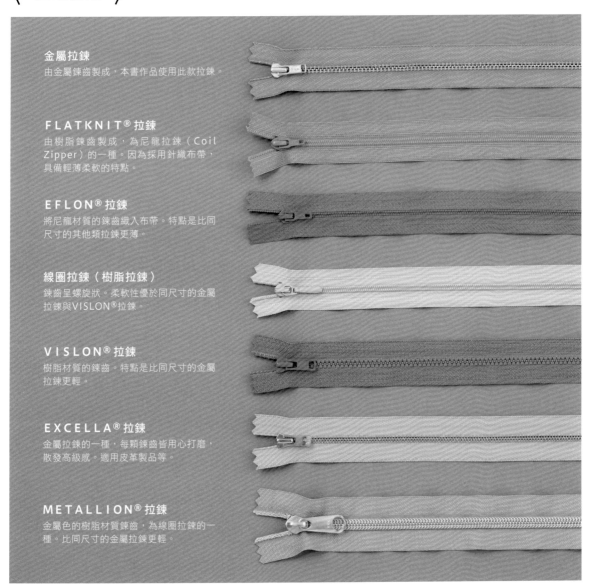

金屬拉鍊
由金屬鍊齒製成，本書作品使用此款拉鍊。

FLATKNIT® 拉鍊
由樹脂鍊齒製成，為尼龍拉鍊（Coil Zipper）的一種。因為採用針織布帶，具備輕薄柔軟的特點。

EFLON® 拉鍊
將尼龍材質的鍊齒織入布帶。特點是比同尺寸的其他類拉鍊更薄。

線圈拉鍊（樹脂拉鍊）
鍊齒呈螺旋狀。柔軟性優於同尺寸的金屬拉鍊與VISLON®拉鍊。

VISLON® 拉鍊
樹脂材質的鍊齒。特點是比同尺寸的金屬拉鍊更輕。

EXCELLA® 拉鍊
金屬拉鍊的一種，每顆鍊齒皆用心打磨，散發高級感。適用皮革製品等。

METALLION® 拉鍊
金屬色的樹脂材質鍊齒。為線圈拉鍊的一種。比同尺寸的金屬拉鍊更輕。

※FLATKNIT®拉鍊、EFLON®拉鍊、VISLON®拉鍊、EXCELLA®拉鍊、METALLION®拉鍊為YKK株式會社的註冊商標，圖中的拉鍊是YKK製拉鍊的比較。

拉鍊波奇包基礎知識

掌握基本的拉鍊波奇包製作知識，動手作作看吧！

認識拉鍊

了解拉鍊的種類與調整長度的方法，以便熟練的加以運用。

〈 拉鍊種類 〉

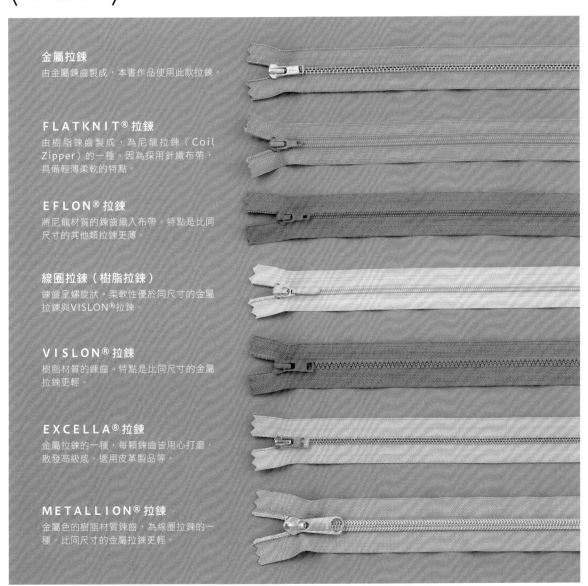

金屬拉鍊
由金屬鍊齒製成，本書作品使用此款拉鍊。

FLATKNIT® 拉鍊
由樹脂鍊齒製成，為尼龍拉鍊（Coil Zipper）的一種。因為採用針織布帶，具備輕薄柔軟的特點。

EFLON® 拉鍊
將尼龍材質的鍊齒織入布帶。特點是比同尺寸的其他類拉鍊更薄。

線圈拉鍊（樹脂拉鍊）
鍊齒呈螺旋狀。柔軟性優於同尺寸的金屬拉鍊與VISLON®拉鍊。

VISLON® 拉鍊
樹脂材質的鍊齒。特點是比同尺寸的金屬拉鍊更輕。

EXCELLA® 拉鍊
金屬拉鍊的一種，每顆鍊齒皆用心打磨，散發高級感。適用皮革製品等。

METALLION® 拉鍊
金屬色的樹脂材質鍊齒，為線圈拉鍊的一種。比同尺寸的金屬拉鍊更輕。

※FLATKNIT®拉鍊、EFLON®拉鍊、VISLON®拉鍊、EXCELLA®拉鍊、METALLION®拉鍊為YKK株式會社的註冊商標，圖中的拉鍊是YKK製拉鍊的比較。

〈 拉鍊各部位名稱與尺寸 〉

●各部位名稱

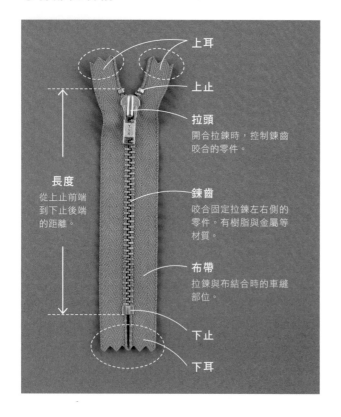

上耳

上止

拉頭
開合拉鍊時，控制鍊齒咬合的零件。

長度
從上止前端到下止後端的距離。

鍊齒
咬合固定拉鍊左右側的零件。有樹脂與金屬等材質。

布帶
拉鍊與布結合時的車縫部位。

下止

下耳

拉頭

拉片

導入口　　本體

背面
不知道拉鍊種類及號數時，可翻到拉頭背面查看標示。

拉片有許多樣式，開孔大的很適合加裝配飾。

上止與下止

上止　　下止

上止是U型金屬零件，兩個一組。下止有雙C型與插銷型等。

也可以依需要的長度購買碼裝拉鍊，另外再準備上止、下止及拉頭，隨喜好自行組裝拉鍊。

●拉鍊的號數（尺寸）

※圖片為原寸大小

手工藝材料店等販售的拉鍊會標示「No.3」「No.5」等數字，這些數字代表拉鍊的尺寸，也是指鍊齒的寬度，數字愈大就鍊齒就愈寬。

No.3　　No.4　　No.5

當號數改變，即使是同種類的拉鍊，車縫的寬度也會不一樣。以本書使用的金屬拉鍊（No.3）為例，箭頭之間是1cm的距離，縫份為0.75cm。若太靠近鍊齒車縫，容易在拉動拉頭時咬到布，所以要設定適當間距，拉鍊才能順利開合。

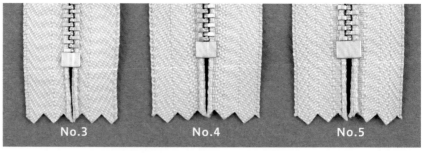

1cm

0.75cm

No.3　　No.5

●金屬拉鍊與VISLON®拉鍊 ※VISLON®拉鍊的上止一旦拆除就無法再使用，請另外準備一個新上止。

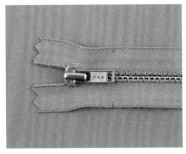

①量好需長度後作上記號。

②以斜口鉗或頂切鉗等夾住上止後端慢慢拆除。拆除時請不要傷到上止，之後還要使用。

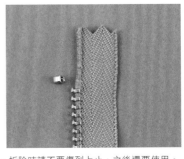

③手指夾住布帶並撐開鍊齒間距。鍊齒頭斜斜向下，以斜口鉗或頂切鉗剪斷拆下。請勿將布帶的芯也一併剪斷。

鍊齒

芯　布帶

④上止要在作記號處，所以要多拆除1顆鍊齒。作業時請仔細確認長度，以免拆過頭。

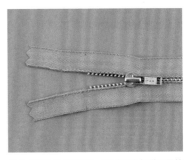

●線圈拉鍊的作法
（FLATKNIT®拉鍊、EFLON®以及標準型線圈拉鍊）

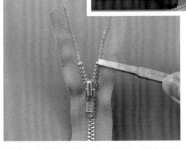

⑤裝回之前拆下的上止，以平口鉗夾緊固定，順利銜接鍊齒。接著避開鍊齒，以鐵槌將上止敲平。

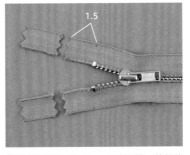

1.5

⑥保留距記號處1.5cm長的布帶，其餘的以鋸齒剪刀剪掉。

1.5

線圈拉鍊的作法是量好所需長度後圈上拉鍊，在下止位置以回針縫固定，多留約1.5cm，其餘剪掉。

〈 接縫拉鍊的重點 〉

●上耳·下耳的處理

在波奇包的頂部縫上拉鍊時,先摺疊處理上下耳。

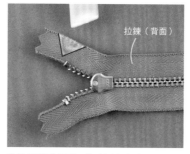

①拉鍊翻到背面,找出以上止為直角的等腰三角形,塗上白膠。

②沿著上止將上耳背對背摺疊,再塗上白膠。

③上耳往上摺成三角形,以夾子固定,直到白膠乾掉。

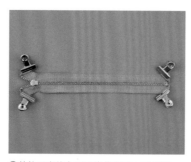

④其他三處的上下耳也依相同方式處理。

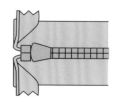

上耳·下耳的多種處理方式

●摺成三角形

將拉鍊縫在頂部時,將上下耳摺成三角形,可使兩脇邊顯得整潔俐落。

●以襠布包覆收尾

當拉鍊超出袋口兩側,例如支架口金包等,就適合以襠布包覆收尾的處理方式。

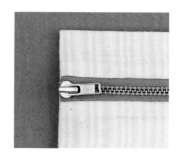

●不作處理

拉鍊以平面的筆直狀態縫裝在包包上。上下耳會夾在縫份之間縫合,所以不需要事先處理。

●暫時黏貼固定

3mm寬
布用雙面膠

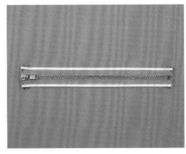

①沿著拉鍊的布帶端貼上布用雙面膠。若有裡布，拉鍊背面也要貼雙面膠。

②撕下雙面膠的離型紙，對齊中心記號貼至縫上拉鍊位置。

●移動拉頭車縫

拉鍊壓布腳
（單邊）

①換上拉鍊壓布腳（單邊）車縫。當快要車到拉頭時，將車針落下並抬起壓布腳。

②抓住拉片，將拉頭移到不會卡住車針的位置。

③放下壓布腳，繼續車縫。

●接縫於急彎處時

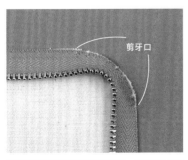

剪牙口

①撕下布用雙面膠的離型紙，與彎曲處縫合的拉鍊布帶剪牙口。

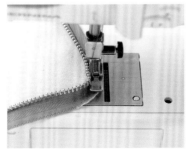

②縫合時將鍊齒稍微立起，並留意布帶是否平整不起皺褶。

製作拉鍊波奇包的必備工具

請備妥縫製波奇包的基本工具。

●製作紙型的工具

①**方格尺**…尺面印上5mm方格。建議選擇鋼邊方格尺,方便美工刀抵住裁紙。

②**筆記用具**…為正確製圖,建議使用自動鉛筆而非一般鉛筆。

③**錐子**…畫線與作點狀記號。從製成紙型到縫製階段都經常用到的工具。

④**美工刀**…切割紙型與接著襯,比剪刀更精準。

⑤**圓形夾**…製作紙型時將紙夾住固定,使作業更順暢。

⑥**切割用文鎮**…固定紙或布防止滑動。使用尺與美工刀切割時也能派上用場。可用紙鎮或布鎮取代。

⑦**圓規**…畫圖形或曲線等。

⑧**曲線測距器**…滾動就能測量曲線長度。

⑨**袖丸型板**…描繪袖口下方曲線的便利工具,能畫出各種漂亮曲線。圖中是三件一組中弧度最小的型板。

⑩**量角器**…測量角度。

⑪**切割墊**…印上方格的切割墊可以和方格尺組合,提升作業的準確度。

●紙與襯

①**5mm方眼紙**…製圖用,以A4或A3尺寸整包販售。

②**地券紙**…紙箱或書籍封面等用紙。本書是複寫方格紙上的圖案製作紙型。

③**白卡紙**…糕餅盒及T恤包裝紙板等用紙。可取代地券紙用來製作紙型。

④**接著襯(不織布型)**…不織布型的薄襯,無縱橫之分且無伸縮性,處理起來比較輕鬆。紙型或是從製圖複寫記號貼到布上。

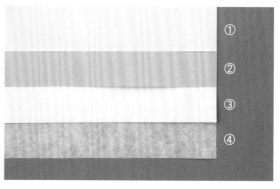

※工具提供／方格尺‧錐子(清原)、袖丸型板(Clover)、曲線測距器(KAWAGUCHI)

●接縫拉鍊的工具

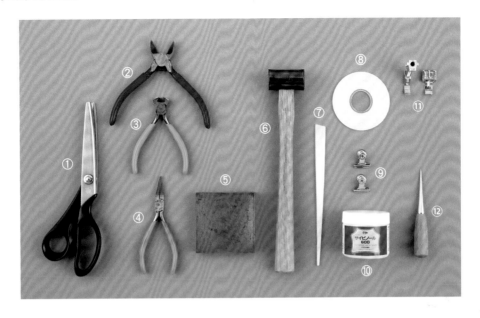

①**鋸齒剪刀**…調整長度後，防止拉鍊布帶鬚邊。

②**斜口鉗**…在調整拉鍊長度時剪斷鍊齒。

③**頂切鉗**…與斜口鉗一樣，都是用來剪斷鍊齒。也可只從斜口鉗與頂切鉗中挑一個順手的。

④**平口鉗**…調整拉鍊長度時，將上止與下止夾緊固定。

⑤**鐵砧**…使用鐵鎚時墊在下面的金屬塊。

⑥**鐵鎚**…將金屬拉鍊的上下止敲平固定。

⑦**塗膠片**…將接著劑均勻塗抹的便利工具。

⑧**3mm寬布用雙面膠**…簡便的暫時固定拉鍊與布。完成後要先下水，建議使用水溶性布用雙面膠。挑選窄版的才不會纏在針腳上。

⑨**圓形夾**…摺疊拉鍊上下耳時先夾住固定直到白膠乾掉。

⑩**水性白膠600**…摺疊拉鍊上下耳時塗的白膠。也可改用手工藝膠。

⑪**拉鍊壓布腳（單邊）**…有一邊是空的，車縫拉鍊時不會勾到鍊齒。若不含在縫紉機配件中，請依機型另外準備。

⑫**錐子**…送布或翻面時挑出漂亮尖角，用途廣泛。

工具的用法

曲線測距器

將「0」對準曲線的起點，接著滾動到想要測量的位置。

方格尺

將美工刀靠著鋼邊切割。左手用力按住尺，再將文鎮放在尺上，防止方格尺移動。

錐子

製作紙型時，經常會將紙對摺繪製對稱圖形。先以錐子靠著尺邊畫出線痕，就能將紙摺得十分平整。想要正確製作對稱圖形，可在紙張對摺的狀態下以錐子刺洞進行確認。

基本型波奇包（打底角）的作法

試著從製圖、製作紙型到車縫，完成基本型波奇包。

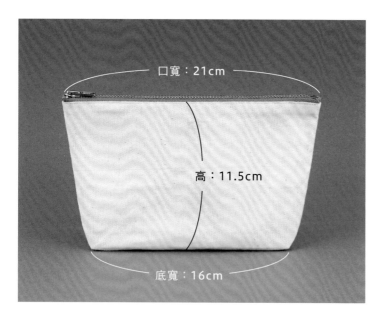

口寬：21cm

高：11.5cm

底寬：16cm

側身寬：5cm

製圖

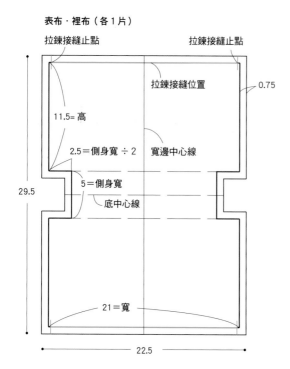

表布・裡布（各1片）

拉鍊接縫止點　　　　　　　　拉鍊接縫止點

拉鍊接縫位置

0.75

11.5＝高

2.5＝側身寬÷2　寬邊中心線

5＝側身寬

底中心線

29.5

21＝寬

22.5

材料

表布：22.5×29.5cm
裡布：22.5×29.5cm
接著襯（不織布型）：45×29.5cm
No.3金屬拉鍊：長20cm1條

完成尺寸

口寬21（底16）×高11.5×側身寬5cm

縫份為何是0.75cm

本書使用No.3金屬拉鍊，縫份為0.75cm
（p.4），為何不取個較好測量的數字？其實
0.75cm＝0.5cm＋0.25cm，製圖用的方格紙
與方格尺上的5mm刻度正中間就是0.25cm，
習慣後要測量0.75cm就簡單多了。

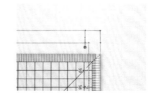

〈 製圖 〉

1. 畫中心線

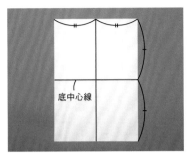

在方格紙畫縱橫中心線，將橫線當成底中心線。

2. 畫袋底與袋口線

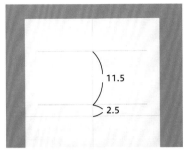

①從底中心線取1/2側身寬（2.5cm）畫底線。再從底線取高（11.5cm）的距離畫袋口線。

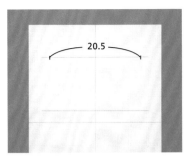

②在拉鍊長＋0.5cm（上耳與下耳摺疊後的超出份）的位置加上拉鍊接縫止點記號。

3. 畫脇邊線

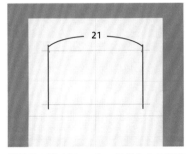

測量袋口寬（21cm），與縱向中心線平行的從袋口兩側畫出與底線相交的脇邊線。

4. 畫側身

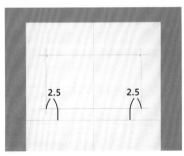

從脇邊線與底線的交差點取1/2側身寬（2.5cm）往底中心線畫垂直線。

5. 加上縫份

四周加上0.75cm縫份。

6. 反向畫出完整圖形

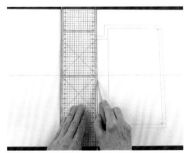

①將尺對準底中心線，錐子打斜畫線，方便對摺。

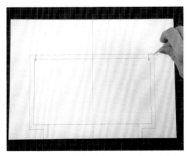

②方格紙沿底中心線對摺，以錐子在邊角、中心及拉鍊接縫位置垂直刺洞，在另一側加上點狀記號。

③攤開方格紙，畫線連接複寫的點，完成線對稱圖形。

1. 畫中心線

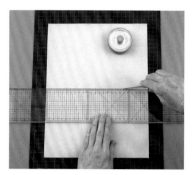

①準備比製圖大一圈的長方形厚紙（地券紙等），以錐子打斜沿縱向的一半位置畫線。

②將厚紙沿①對摺，以錐子在橫向的中心作記號。

③攤開方格紙，畫線連接②的記號，再與①垂直相交的以錐子畫線。

2. 以錐子作記號

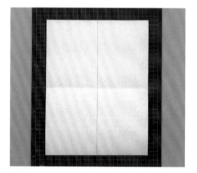

④垂直相交的十字中心線。

①各自對摺方格紙與厚紙。

②將製圖疊至厚紙上，確實對齊中心與山摺，以圓形夾與紙鎮固定。接著以錐子於完成線與縫份的邊角，以及中心線上等垂直刺洞作記號。

3. 連接點狀記號

③點狀記號複寫至厚紙上。

④攤開厚紙，若有不足處，就重新摺疊刺洞，複寫點狀記號。

以方格尺畫線連接複寫的點。

4. 裁掉四周

①以美工刀與尺切割輪廓。

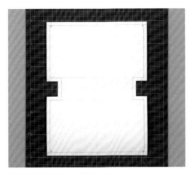
②切割側身線，紙型完成。

5. 複寫至接著襯（不織布型）

①準備兩片比紙型大的接著襯。將紙型疊在接著襯的無膠面上，以自動鉛筆複寫輪廓線。

②這次反過來將接著襯疊在紙型上，在輪廓線內側複寫完成線與中心記號等。

③紙型已複寫至接著襯，再複寫一片供裡布使用。

直接以製圖複寫也OK

接著襯

當重複製作相同形狀的波奇包時，會建議以厚紙製作耐用的紙型。若是只用一次，直接將接著襯疊在製圖上複寫也OK。

〈 接縫拉鍊 〉

1. 裁切

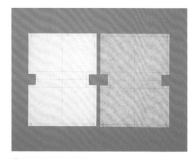

①將接著襯疊在表布背面熨燙。裡布背面也同樣燙貼接著襯。

②沿著縫份線裁切。

2. 暫時固定拉鍊

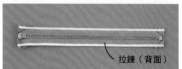

①摺疊拉鍊的上耳‧下耳（參照p.6）。

②沿著拉鍊正反面的布帶端上3mm寬布用雙面膠。

③撕下拉鍊正面的雙面膠離型紙，在上止至下止的長度中心作記號。

④表布與拉鍊正面相對疊合，對齊上端與中心貼合。

也要對齊拉鍊接縫止點記號。

⑤拉鍊暫時固定於表布上。

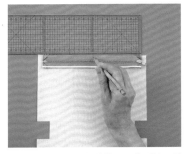

⑥撕下拉鍊背面上方的雙面膠離型紙,測量找出拉鍊中心作記號。

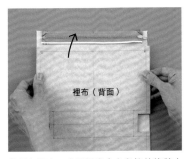

裡布(背面)

⑦疊上裡布,分別對齊中心與拉鍊接縫止點記號貼合。

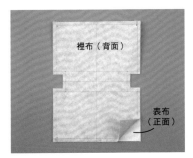

裡布(背面)

表布(正面)

⑧拉鍊夾在表布、裡布之間暫時固定。

3. 車縫拉鍊

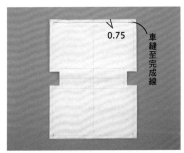

0.75

車縫至完成線

①換上拉鍊壓布腳,車縫0.75cm縫份處,從兩脇邊完成線的一個記號車縫至另一個記號。

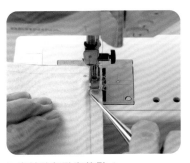

〔 車縫的起點與終點 〕

在車縫的起點與終點進行回針縫。拉鍊上下耳處會出現高低差,可使用錐子送布順利推進。

一邊車縫一邊移動拉鍊拉頭

拉頭

①從脇邊的完成線記號開始車縫,靠近拉頭時,將車針落下並抬起壓布腳。

②將拉頭移到不會卡到壓布腳的位置。

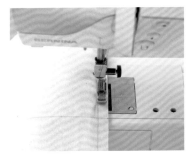

③放下壓布腳繼續車縫。

②將表布、裡布各自翻到正面，撕下另一側拉鍊正面的雙面膠離型紙。

③測量找出拉鍊中心作記號，表布正面相對摺疊。

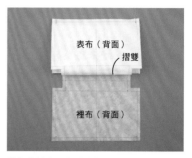

④拉鍊暫時固定於表布。

⑤翻面，將裡布朝上。撕下雙面膠離型紙並於拉鍊中心作記號。

⑥裡布疊至拉鍊上，分別對齊中心與拉鍊接縫止點記號貼合。

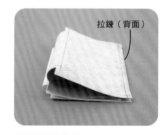

從側邊看的樣子。

4. 袋口壓線

⑦表布朝上，車縫0.75cm縫份處，從兩脇邊完成線的一個記號車縫至另一個記號。車縫時，一邊將手伸進摺雙的表布內側移動拉頭。

移動拉頭時，將車針落下並抬起壓布腳。

①從脇邊翻到正面。

②整燙。拉鍊部分的針腳請燙平，不要有摺痕。

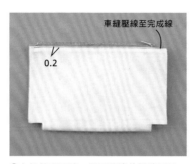

③在拉鍊旁壓線，從兩脇邊的記號至另一個記號。

車縫壓線至完成線

0.2

直接使用拉鍊壓布腳，拉開拉鍊，車縫壓線至完成線記號。

5. 縫合脇邊

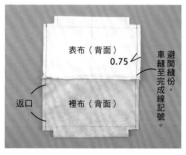

表布（背面）
0.75
裡布（背面）
返口

避開縫份，車縫至完成線記號。

沿底中心摺疊表布與裡布，正面相對縫合兩脇邊。袋口的脇邊避開縫份車縫至完成線記號。裡布在單側預留返口（7cm）車縫。

直接使用拉鍊壓布腳，車縫至袋口脇邊的記號剪斷縫線。

6. 縫出側身

表布（背面）

①燙開脇邊縫份，對齊脇邊與底中心，沿0.75cm縫份車縫側身。

7. 翻到正面

②其他三處也依相同方式車縫側身。

裡布（正面）

表布（正面）

自返口翻到正面，以弓字縫縫合返口。

完成

整燙，拉鍊波奇包即完成。

裡布接縫方式・縫份處理

根據使用的布料與作品營造的感覺，選擇裡布的接縫方式。

〈 包夾拉鍊縫合並壓線 〉

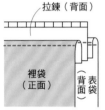

這是p.14～p.17介紹的縫法。開口縫份加上壓線，牢牢固定裡布。

〈 包夾拉鍊縫合但不壓線 〉

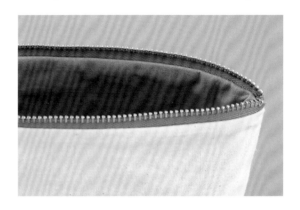

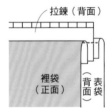

正面相對，將拉鍊夾在表布與裡布之間的縫法。車縫固定裡袋是最簡單的作法。由於不在開口壓線，可以接續縫合脇邊，但縫份容易膨膨的。

〈 以藏針縫縫合 〉

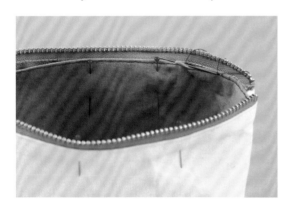

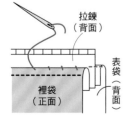

表袋與裡袋分開製作後背面相對套疊，以藏針縫將裡袋固定於拉鍊布帶上。適用於表布因為進行刺繡等難以從返口翻面的情況時。裡袋開口若有壓線，看起來更簡潔。

〈 以斜布條收尾 〉

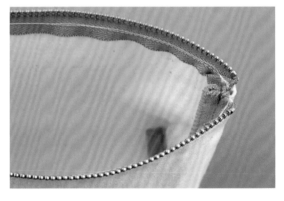

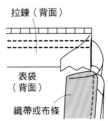

帆布與防潑水布等不加裡袋的一片縫，或者是無裡袋反倒更俐落好用的牛奶糖型波奇包等，使用人字帶或斜布條包捲縫份收尾。

運用相同尺寸的布製作的波奇包

相同大小的布，只是改變側身位置、寬度與摺疊方式，就能作出各種形狀的波奇包。

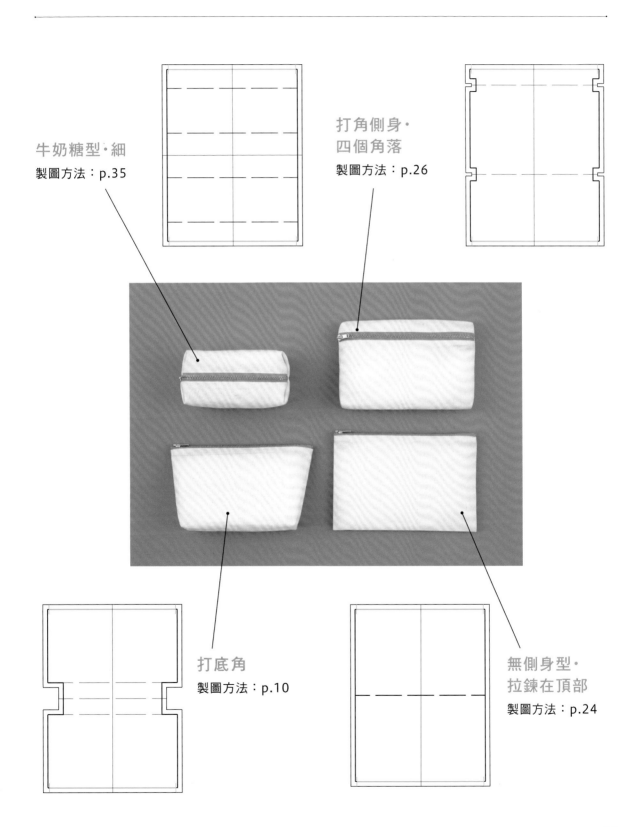

牛奶糖型・細
製圖方法：p.35

打角側身・
四個角落
製圖方法：p.26

打底角
製圖方法：p.10

無側身型・
拉鍊在頂部
製圖方法：p.24

拉鍊與接縫位置的關係

介紹有關拉鍊的長度與寬度，製圖時必須留意的重點。

〈 拉鍊長度與袋口長度 〉

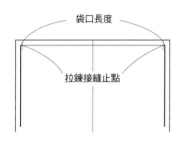

袋口長度 若與拉鍊一樣長，會很難縫上拉鍊，所以袋口要比拉鍊長約1cm。當布料較厚或夾入耳絆時需要更多作業空間。

拉鍊接縫止點記號 當拉鍊的上下耳採摺疊方式處理（參見p.6），摺起部分會形成少許寬度，設定在拉鍊長度＋0.5cm的位置。

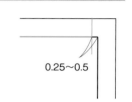

製圖後才定出拉鍊長度時

0.25～0.5

若是依想要製作的波奇包尺寸調整拉鍊長度，則在製圖後決定拉鍊長度。於拉鍊接縫位置兩端向外0.25～0.5cm處作記號。

〈 拉鍊拉開的長度 〉

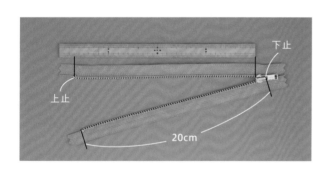

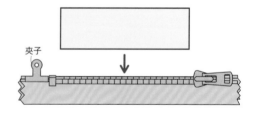

拉鍊長度是從上止到下止末端的距離，一旦拉開，就會因為拉鍊拉頭而變短。圖中的拉鍊是20cm，扣除拉頭，開口部分約18cm。

若已經設定好要收納的物品，建議以夾子等固定拉鍊的上止側，事先確認一下物品能否置入。

〈 拉鍊接縫成L型 〉

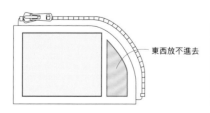

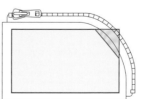

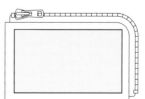

彎曲部分形成死角。

收納空間隨曲線的緩急而有所不同。

〈 箱型與拉鍊長度 〉

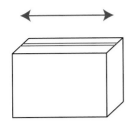 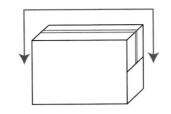 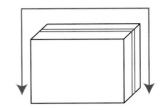

尺寸相同的箱型波奇包，需要多長的拉鍊依接縫位置而有所不同。
而冂型開口用到的拉鍊長度會比想像的更長（參見p.38至p.40），請特別注意。

〈 接縫於平坦面時的拉鍊寬度 〉

如同p.25、p.35等拉鍊接縫於平坦面時，會配
合使用的拉鍊設定寬度。本書使用No.3金屬拉
鍊，寬度設定為1cm。一旦拉鍊種類與鍊齒尺寸
改變，就要跟著調整此寬度。考量重點在於拉鍊
開合時拉頭能夠順暢通過鍊齒脇邊。

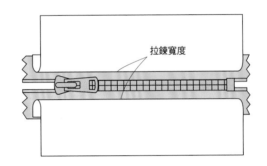

拉鍊寬度

看懂拉鍊代號

不論是要買YKK製拉鍊或是與手邊同款的拉鍊，
先看懂拉鍊代號會方便許多。

3 MG C DA
① ② ③ ④

①拉鍊號數（尺寸）…p.4介紹的鍊齒號數（尺寸）。
②鍊型…p.3介紹的拉鍊種類。金屬拉鍊有時也指鍊齒材質與顏
　色。例如MG是金屬拉鍊金色、「Y」YZiP®、「CF」是線
　圈拉鍊，「FK」是FLATKNIT®、「EF」是EFLON®，
　「VS」是VISLON®、「CM」是METALLION®等。
③製品分類…末端的固定方式。「C」是附下止，「OR」與
　「OL」為開口拉鍊。
④拉頭種類…「DA」為放開拉片就鎖上的自動鎖頭，「DF」
　則是無鎖頭。

袋型設計與製圖打版

長度一樣的拉鍊，只要搭配不同的袋型，就能延伸出豐富的款式。
試著依用途與偏愛的形狀畫圖製作紙型吧！

只由直線組成的設計

上圖是由長方形布片與20cm拉鍊組合扁平波奇包。
從這個基本型加以變化，
例如更換拉鍊位置或是打底角等，
可以衍生出許許多多的設計。
本節介紹的款式，不管是接縫拉鍊部分或其他部位，
都是由直線組成。
正因為是直線，要調整尺寸也很簡單。

無側身型

拉鍊在頂部・底摺雙
p.24

拉鍊在頂部・底接合
p.24

拉鍊在上方
p.25

拉鍊在中間
p.25

＊為符合波奇包尺寸，從p.24開始的製
　圖，拉鍊設定在長10cm、20cm或
　30cm的範圍內。
＊是以完成尺寸為優先計算拉鍊長度，或
　配合拉鍊長度製圖，在製圖順序上會有
　所差異，請因應調整。
＊除了少數必須加裡布的款式外，一律只
　標示表布的紙型張數。
＊製圖內的數字以cm為單位。

打角側身

拉鍊在上方・四個角落
p.26

拉鍊在中間・四個角落
p.27

打底角・窄
p.28

打底角・寬
p.28

上窄下寬・深
p.29

上窄下寬・淺
p.29

剪接

橫向剪接
p.30

摺疊側身

摺疊側身・W字摺
p.31

摺疊側身・J字摺
p.31

雙拉鍊

3個口袋
p.32

2個口袋・剪接
p.33

2個口袋・外接
p.34

牛奶糖型

牛奶糖型・細
p.35

牛奶糖型・粗
p.35

配布側身

底側身
p.36

脇邊側身
p.37

一片布箱型

脇邊拼接
p.38

底拼接
p.39

頂部拼接
p.40

粽型

拉鍊在中間
p.41

拉鍊在脇邊
p.42

拉鍊在中間・長型
p.43

支架口金

支架口金・高
p.44

支架口金・低
p.45

無側身型

無側身的薄型設計。布料的面積相同，但拉鍊的位置不同，成品的呈現就變得不一樣。

【 拉鍊在頂部・底摺雙 】

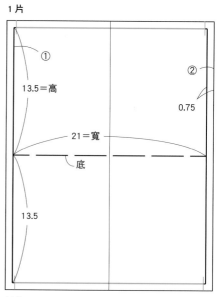

1 片

13.5＝高

0.75

21＝寬

底

13.5

拉鍊：20cm

簡約的基本型

扁平、無側身、拉練接縫於頂部，簡單卻用途廣泛的萬能波奇包。若是無方向性的布料，底部摺雙裁剪就OK。

製圖順序

①依照想要製作的「寬×高」畫長方型，再縱向拉長成2倍。
②四周加上縫份（0.75cm）。為底部摺雙裁剪的設計。

【 拉鍊在頂部・底接合 】

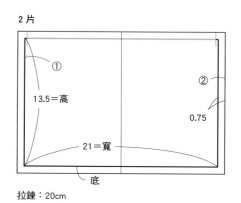

2 片

13.5＝高

0.75

21＝寬

底

拉鍊：20cm

適合有方向性的布料

布料若有方向性，就採用底部接合方式。其他淺型款如筆袋等，若底部摺雙，有時會因為布料厚度等增加車縫拉鍊下止側的難度。在尚未熟練時，底部接合是比較安全的作法。

製圖順序

①依照想要製作「寬×高」畫長方型。
②四周加上縫份（0.75cm）。

【 拉鍊在上方 】

平衡感隨摺法而定
拉鍊接縫於正面上方。拉鍊上下側的平衡，隨布片摺法而有所變化。

製圖順序
①依照想要製作的「寬×高」畫長方型並標出拉鍊寬。
②在①的長方形（作為後袋身）上側加上前上袋身，下側加上前下袋身。
③四周加上縫份（0.75cm）。

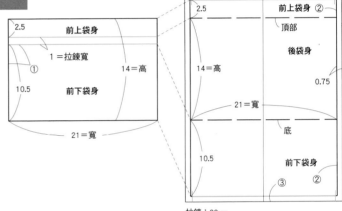

拉鍊：20cm

【 拉鍊在中間 】

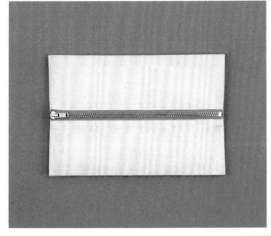

拉鍊在袋身中央
拉鍊接縫於前面的中央。有的物品收納在拉鍊居中的袋內，較為容易取放。

製圖順序
除了拉鍊移到中央外，其餘比照「拉鍊在上方」製圖。

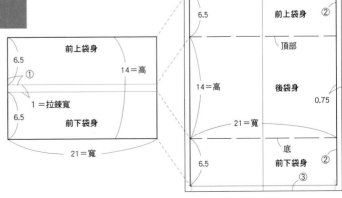

拉鍊：20cm

只由直線組成的設計

無側身型

打角側身

剪接

摺疊側身

雙拉鍊

牛奶糖型

配布側身

一片布箱型

粽型

支架口金

打角側身

抓起扁平包的角摺疊車縫的打角側身。有打四個角及兩個角的款式。

【 頂部拉鍊・四個角落 】

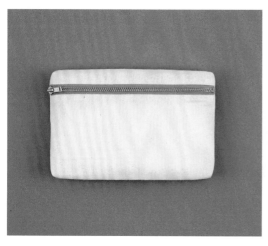

打四個角

抓起p.25「拉鍊在上方」四個角落的角摺疊車縫,加上一
點側身(2cm),讓有點厚度的物品也能輕鬆放入。

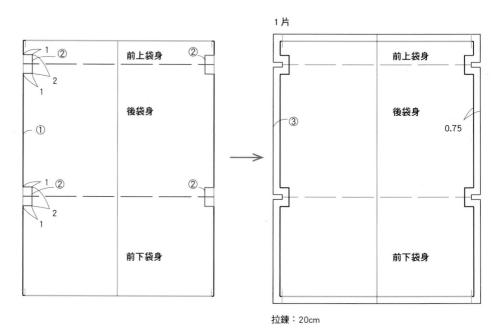

1片

拉鍊:20cm

製圖順序

①參考p.25「拉鍊在上方」的①②畫長方型。
②在四個山摺位置畫側身線。
③四周加上縫份(0.75cm)。

【 拉鍊在中間・四個角落 】

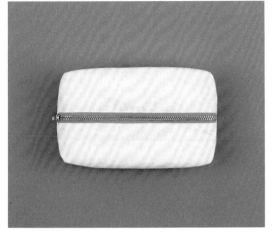

簡單就能改變側身寬度

抓起p.25「拉鍊在上方」四個角落的角摺疊車縫，加上側身（4cm）。拉鍊在中央，因此能輕鬆更改側身寬度。可專門用來收納有厚度的長方體物品。

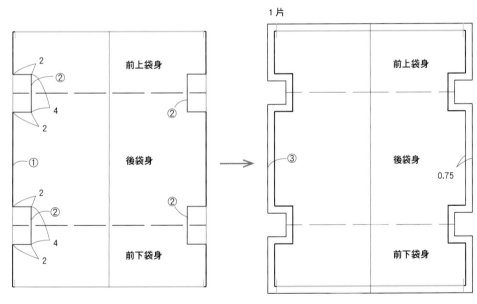

拉鍊：20cm

製圖順序

①參考p.25「拉鍊在上方」的①②畫長方型。
②在四個山摺位置畫側身線。
③四周加上縫份（0.75cm）。

只由直線組成的設計

無側身型

打角側身

剪接

摺疊側身

雙拉鍊

牛奶糖型

配布側身

一片布箱型

粽型

支架口金

【 打底角・窄 】

收納細長物品

將p.10「基本型波奇包」的底側身寬度縮減的變化款。因為使用一樣大的布片，所以袋身變高了。適合收納細長物品。

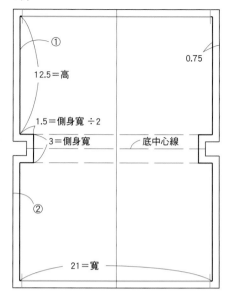

1片

① 12.5＝高

0.75

1.5＝側身寬 ÷2

3＝側身寬

底中心線

②

21＝寬

拉鍊：20cm

製圖順序

①參考p.10～p.11，改以側身寬3cm、高12.5cm繪圖。

②四周加上縫份（0.75cm）。

【 打底角・寬 】

收納有厚度物品

將p.10「基本型波奇包」的底側身寬度加大的變化款。因為使用一樣大的布片，所以袋身變矮了。適合收納有厚度物品。

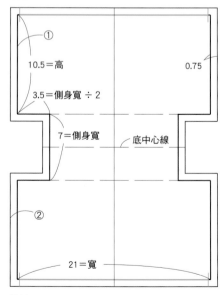

1片

① 10.5＝高

0.75

3.5＝側身寬 ÷2

7＝側身寬

底中心線

②

21＝寬

拉鍊：20cm

製圖順序

①參考p.10～p.11，改以側身寬7cm、高10.5cm繪圖。

②四周加上縫份（0.75cm）。

只由直線組成的設計

無側身型

打角側身

剪接

摺疊側身

雙拉鍊

牛奶糖型

配布側身

一片布箱型

粽型

支架口金

【 上窄下寬・深 】

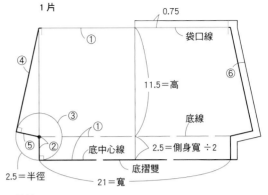

1片

0.75

袋口線

① ④

11.5＝高

⑥

③ ①

底線

⑤ ②

底中心線　2.5＝側身寬÷2

底摺雙

2.5＝半徑

21＝寬

拉鍊：20cm

穩定感的設計
將p.10「基本型波奇包」紙型的脇邊線改成往袋底逐漸變寬，袋口與底變成不同寬。

製圖順序
①在距離底中心線1/2側身寬（範例是2.5cm）的位置畫底線，接著取高度（範例是11.5cm）畫袋口線。
②在與袋口等寬的底寬（21cm）取一個點，以垂直線連接袋口線與底中心線。
③以②的點為中心，取1/2側身寬（2.5cm）為半徑畫圓。
④由袋口角向下畫直線直到與③的圓弧半徑垂直相交，此為脇邊線。
⑤連結②和④成為底側身線。
⑥四周加上縫份（0.75cm）。

【 上窄下寬・淺 】

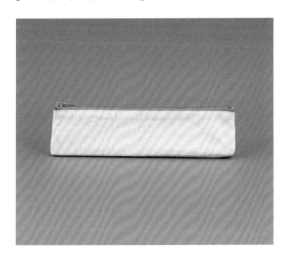

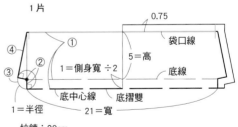

1片

0.75

袋口線

① ④

5＝高

② 底線

③

1＝側身寬÷2

底中心線　底摺雙

1＝半徑

21＝寬

拉鍊：20cm

適合當筆袋等
只是縮減了前述「上窄下寬・深」的深度。適用筆袋與工具包等。

製圖順序
①在距底中心線1/2側身寬（範例是1cm）的位置畫底線，接著取高度（範例是5cm）畫袋口線。
②在與袋口等寬的底寬（21cm）位置取一個點，以垂直線連接袋口線與底中心線。
③以②的點為中心，1/2側身寬（1cm）為半徑畫圓。
④接著依「上窄下寬・深」的④～⑥繪圖。

剪接

分成上下的剪接設計。

【 橫向的加入剪接 】

底側選用耐用布料

尺寸與p.10「基本型波奇包」相同,但在前後袋身加入剪接的設計。剪接位置隨個人喜好。底側請使用較厚的耐用布料。

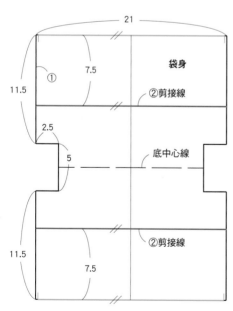

袋身2片、底1片

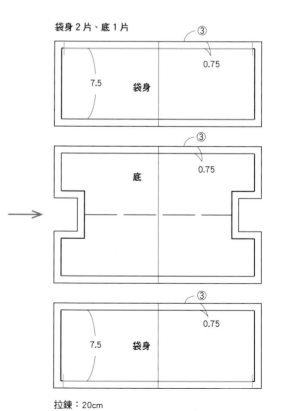

製圖順序

①參考p.10,描繪「基本型波奇包」的完成線。
②與底中心線平行的在加入剪接的位置畫線。
③剪開②的線,各自加上縫份(0.75cm)。

拉鍊:20cm

摺疊側身

不修剪底側身的餘部分，改成摺疊車縫。適合1片縫。

【 摺疊側身・W字摺 】

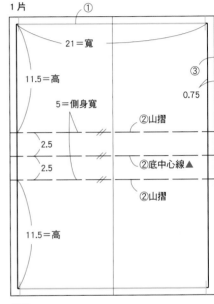

1片

① 21＝寬

11.5＝高

5＝側身寬

③ 0.75

②山摺

2.5

2.5

②底中心線▲

②山摺

11.5＝高

拉鍊：20cm

袋底外摺成三角形

與p.10「基本型波奇包」相同，由於未修剪底側身，所以從側邊看，底部外側形成三角形，可作為設計重點。

製圖順序

①依照想要製作的「口寬×（高＋側身寬＋高）」畫長方形。畫縱線時一邊在各重點處作記號。
②連結①的記號，平行的畫側身寬與底中心的線。
③四周加上縫份（0.75cm）。

【 摺疊側身・J字摺 】

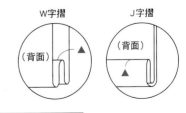

W字摺

（背面）▲

J字摺

（背面）

▲

側身摺疊方式

兩款側身的差異僅在於袋底的摺疊方式。如上圖，各自摺疊並縫合脇邊。若有加裡袋就不採用此作法，比照p.10「基本型波奇包」的紙型縫製會更簡潔。

從底側看便一目了然

從底側看，在兩脇邊形成下凹的三角形。可將袋身壓成扁平狀。

雙拉鍊

縫上兩條等長的拉鍊，提升收納力。

【 3個口袋 】

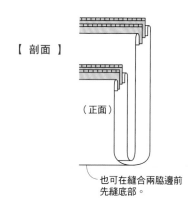

【 剖面 】

（正面）

也可在縫合兩脇邊前
先縫底部。

有三個收納空間

由兩片同尺寸的長方形布片與兩條拉鍊組成的簡單雙拉鍊
波奇包。特徵是不同高低差的拉鍊之間，還有1個開放式口
袋，共計3個口袋。適用無裡布的一片縫作法。

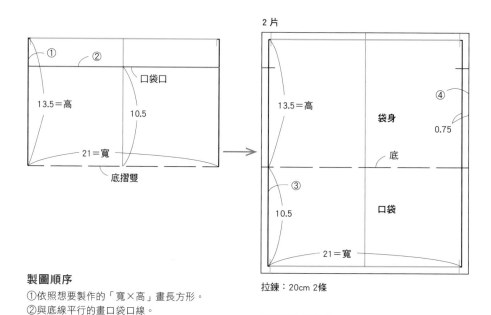

2 片

13.5＝高

袋身

④

0.75

底

口袋

10.5

21＝寬

拉鍊：20cm 2條

製圖順序

①依照想要製作的「寬×高」畫長方形。
②與底線平行的畫口袋線。
③在①的長方形下方，取②的底至口袋口的
　距離畫另一長方形。
④四周加上縫份（0.75cm）。

加裡布時

可以表布的尺寸裁剪兩片裡布。

【 2個口袋・剪接 】

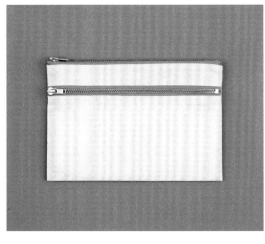

只由直線組成的設計

無側身型

打角側身

剪接

摺疊側身

雙拉鍊

牛奶糖型

配布側身

一片布箱型

粽型

支架口金

【 剖面 】

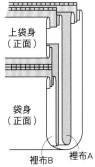

上袋身（正面）

袋身（正面）

裡布B　裡布A

以裡袋區隔

每個口袋都縫上拉鍊，以裡袋區隔內部空間。請注意，若是無裡布的一片縫，雖然有兩個入口，內部卻是相通的，並未隔開。另一個重點是兩條拉鍊的上下耳收尾方式不同（參見p.6）。

上袋身 1片

2.5　③　⑥　0.75

袋身 1片

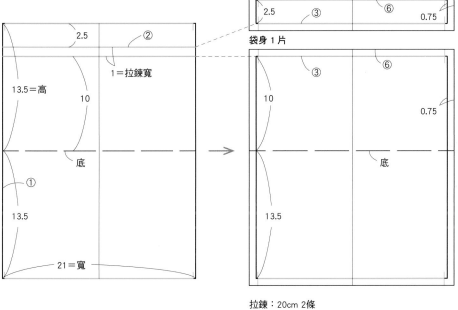

2.5　②

1＝拉鍊寬

13.5＝高　10

底

①

13.5

21＝寬

③　⑥

10　0.75

底

13.5

拉鍊：20cm 2條

裡布 A 1片

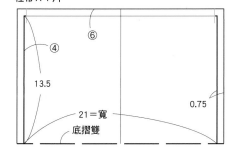

⑥　④

13.5　0.75

21＝寬

底摺雙

裡布 B 1片

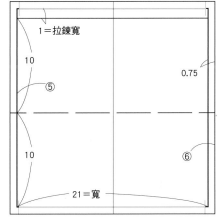

1＝拉鍊寬

10　0.75

⑤

10　⑥

21＝寬

製圖順序

①依照想要製作的「寬×2倍高」畫長方形。
②在口袋位置取拉鍊寬，與底線平行的畫兩條線。
③上袋身與袋身分開。
④裡布A是以「寬×高」畫長方形。
⑤裡布B是以「寬×口袋2倍高」畫長方形，並於上方加上拉鍊寬。
⑥各自於四周加上縫份（0.75cm）。

【 2個口袋・外接 】

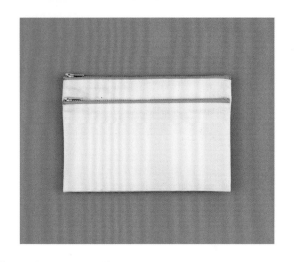

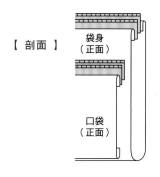

【 剖面 】

袋身（正面）

口袋（正面）

加上附拉鍊的口袋

就像將附拉鍊的口袋疊至扁平波奇包上縫合。縫份會與脇邊線重疊，若要加上裡布，請挑選較不占空間的素材。

1片

13.5＝高

袋身

④

21＝寬

底

13.5＝高

0.75

① ②

口袋口

13.5＝高

10.5

21＝寬

底摺雙

1片

21＝寬

③

10.5

口袋

④

底

0.75

拉鍊：20cm 2條

製圖順序

①依照想要製作的「寬×高」畫長方形。
②與底線平行的畫口袋口線。
③測量口袋高，以「寬×口袋高」畫長方形。
④四周加上縫份（0.75cm）。

加裡布時

裁剪裡布用的1片袋身與1片口袋。

牛奶糖型

只需摺疊山摺與谷摺縫合，即可完成立體的盒型波奇包。

【 牛奶糖型・細 】

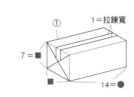

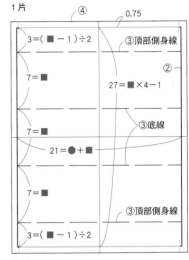

1片

拉鍊：20cm

從側面看是正方形

和p.27「中拉鍊・四個角」的差異在於，與側身重疊的部分不修剪而是直接外摺。瘦長包，從側面看則是邊長7cm的正方形。

製圖順序

①依照想要製作橫寬（●）、側身寬（■）與袋高（■）畫長方體。
②寬是●＋■，高為■的4倍減去1cm，據此畫長方形。
③畫底線與頂部側身線。
④四周加上縫份（0.75cm）。

【 牛奶糖型・粗 】

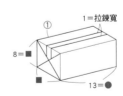

1片

拉鍊：20cm

更改長度變成圓滾形

從側面看是邊長8cm的正方形。每一邊都只比上面的款式拉長1cm，但不論是給人的印象或容量都不一樣。

製圖順序

①參照〔牛奶糖型・粗〕的①～④製圖。

配布側身

在底部或脇邊接縫配布側身的設計。

【 底側身 】

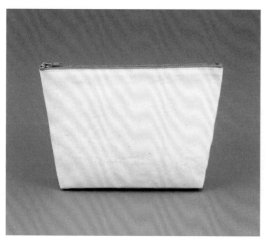
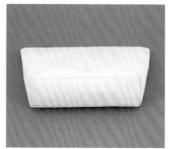

底部使用長方形配布

因布片太小無法如同p.10「基本型波奇包」底部摺雙裁
剪，或者是想要使用圖案有上下方向性的布料。底部宜選
用結實耐用布料。p.57是袋型不變，但底部改成橢圓形的
變化款。

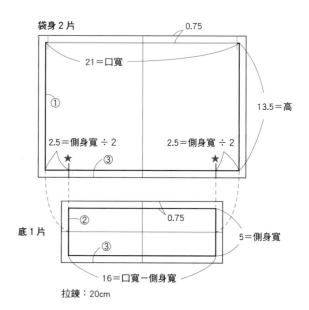

袋身 2 片

0.75

21＝口寬

①

13.5＝高

2.5＝側身寬 ÷ 2   2.5＝側身寬 ÷ 2

★   ③   ★

底 1 片

②

0.75

5＝側身寬

③

16＝口寬－側身寬

拉鍊：20cm

製圖順序

①畫袋身，為「口寬×高」的長方形。在底側的距離脇邊「1/2側
身寬」位置作記號。
②畫底部，為「（口寬－側身寬）×側身寬」的長方形。
③各自於四周加上縫份（0.75cm）。

～縫製重點～

縫上拉鍊，接著縫合兩脇邊、燙開縫份，在與底角縫合的袋身
縫份（★）剪牙口。先對齊中心記號再固定其餘部分，剪牙口
的袋身側置於上方進行車縫。

【 脇邊側身 】

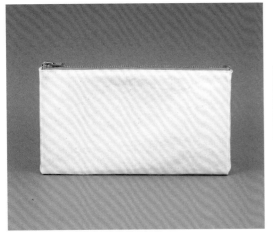

脇邊使用長方形配布
前後袋身與底連成一片裁剪，再與兩脇邊的側身縫合的款
式。原本是長方形的側身，因為拉鍊接縫於頂部而向內凹
摺，從側面看狀似等腰三角形。

製圖順序
胴
①以「袋身寬×（高＋側身寬＋高）」畫長方形。
②四周加上縫份（0.75cm）。
側身
①以「側身寬×高」畫長方形。
②四周加上縫份（0.75cm）。

～縫製重點～
在對齊側身角的袋身縫份（★）剪牙口。先將中心
記號對齊再固定四周，剪牙口的袋身側置於上方進
行車縫。

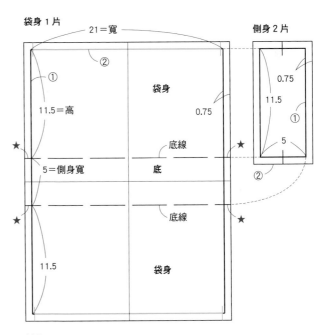

袋身 1 片

21＝寬

②

①

袋身

11.5＝高

0.75

底線

5＝側身寬   底

底線

11.5

袋身

拉鍊：20cm

側身 2 片

0.75

11.5

①

5

②

只由直線組成的設計

無側身型

打角側身

剪接

摺疊側身

雙拉鍊

牛奶糖型

配布側身

一片布箱型

粽型

支架口金

一片布箱型

以一片布縫製箱型波奇包的設計。布的用量較多,且不適合有方向性的圖案布。

【 脇邊拼接 】

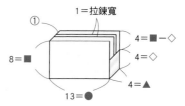

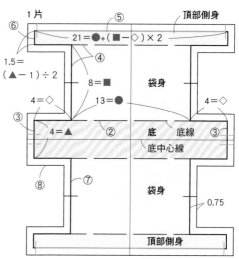

拉鍊:20cm

拉鍊縫至脇邊的一半位置

拉鍊開口一直延伸到脇邊側身的上半部。與底相連的下半部脇邊側身是展開圖的突起部分。移動脇邊的拼接位置,拉鍊的開口幅度也會跟著改變。

製圖順序

①先依想製作的尺寸畫長方體,接著決定寬、高、側身寬與脇邊拼接位置(範例是高的1/2)。

②在距底中心線的1/2側身寬(▲)位置畫水平線(底線)。

③在底線的袋身寬(●)位置作記號,於兩脇邊加上至拼接位置的長度(◇)再與底中心線連結。

④從底線的記號畫垂直線,直到袋身高(■)的位置再畫一平行線。

⑤取側身寬(▲)減去拉鍊寬(1cm)的1/2尺寸,從④向上畫平行線。

⑥在④的袋身寬(●)兩脇邊外加從高(■)減去至拼接位置長(◇)的尺寸,畫垂直線連結④與⑤。

⑦沿底中心線上下對稱繪圖。

⑧四周加上縫份(0.75cm)。

～縫製重點～

縫上拉鍊後,翻到背面,對齊頂部側身端與脇邊拼接線車縫,縫份倒向底側,將拼接線與袋身記號對齊,車縫脇邊。

只由直線組成的設計

無側身型

打角側身

剪接

摺疊側身

雙拉鍊

牛奶糖型

配布側身

一片布箱型

粽型

支架口金

【 底部拼接 】

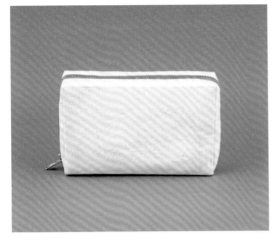

拉鍊接縫於底部以外的3個邊

拉鍊開口為頂部側身＋脇邊側身。除底部外的3個邊都能大大打開，占體積的物品也能輕鬆取放。

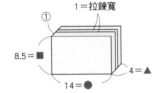

製圖順序

①依想要製作的尺寸畫長方體，決定寬、高與側身寬。

②在距底中心線的1/2側身寬（▲）位置畫水平線（底線）。

③在袋身寬（●）位置畫脇邊線。

④取袋身高（■）位置畫平行線。

⑤取側身寬（▲）減去拉鍊寬（1cm）的1/2尺寸，從④向上畫平行線。

⑥在④的袋身寬（●）兩脇邊外加從高（■）減去至拼接位置長（◇）的尺寸，畫垂直線連結④與⑤。

⑦沿底中心線上下對稱繪圖。

⑧四周加上縫份（0.75cm）。

～縫製重點～

縫上拉鍊後翻到背面，在袋身與袋底交界的縫份（★）剪牙口。先對齊頂部側身端與底，再對齊頂部側身與袋身，剪牙口側在上車縫。不必勉強縫至底角，車縫一邊後，再車縫另一邊可減少失敗。

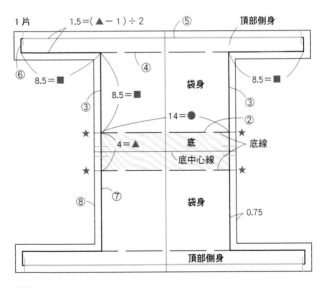

拉鍊：30cm

【 底部拼接 】

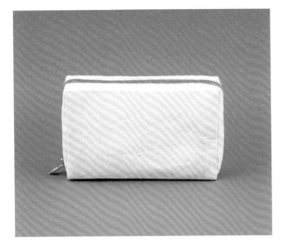

拉鍊接縫於底部以外的3個邊

拉鍊開口為頂部側身＋脇邊側身。除底部外的3個邊都能大大打開，占體積的物品也能輕鬆取放。

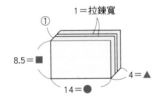

1＝拉鍊寬

8.5＝■

4＝▲

14＝●

製圖順序

①依想要製作的尺寸畫長方體，決定寬、高與側身寬。
②在距底中心線的1/2側身寬（▲）位置畫水平線（底線）。
③在袋身寬（●）位置畫脇邊線。
④取袋身高（■）位置畫平行線。
⑤取側身寬（▲）減去拉鍊寬（1cm）的1/2尺寸，從④向上畫平行線。
⑥在④的袋身寬（●）兩脇邊外加從高（■）減去至拼接位置長（◇）的尺寸，畫垂直線連結④與⑤。
⑦沿底中心線上下對稱繪圖。
⑧四周加上縫份（0.75cm）。

～縫製重點～

縫上拉鍊後翻到背面，在袋身與袋底交界的縫份（★）剪牙口。先對齊頂部側身端與底，再對齊頂部側身與袋身，剪牙口側在上車縫。不必勉強續縫至底角，車縫一邊後，再車縫另一邊可減少失敗。

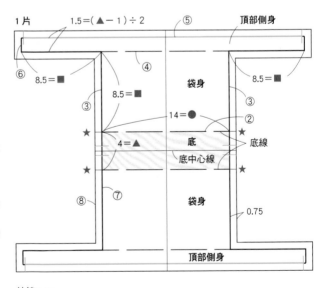

1片　　1.5＝（▲－1）÷2　　⑤　　頂部側身

⑥　8.5＝■

8.5＝■

③

★　4＝▲

8.5＝■　袋身

14＝●　②

③

底　底線

底中心線

★

⑧　⑦　袋身

0.75

頂部側身

拉鍊：30cm

【 頂部拼接 】

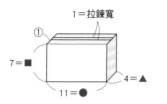

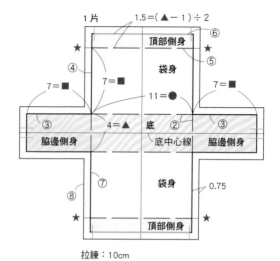

1＝拉鍊寬

7＝■
4＝▲
11＝●

1片
1.5＝（▲－1）÷2
⑥
頂部側身
★ ★
⑤
④
袋身
⑦
7＝■ 7＝■ 7＝■
11＝●
③ 4＝▲ 底 ② ③
脇邊側身 底中心線 脇邊側身
⑧ ⑦ 袋身 0.75
★ ★
頂部側身

拉鍊：10cm

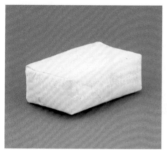

拉鍊僅接縫於頂部

拉鍊開口部分限於頂部側身，底側身與脇邊側身是連成一片。因為開口不大，可避免細小物品掉出包外。

製圖順序

①依照想要製作的尺寸畫長方體，決定寬、高與側身寬。
②自底中心線，以袋身寬（●）×1/2側身寬（▲）的尺寸畫長方形。
③將底線的兩脇邊拉長至袋身高（■）尺寸，畫上脇邊側身。
④底的脇邊線向上延伸。
⑤在袋身高（■）位置畫平行線。
⑥取側身寬（▲）減去拉鍊寬（1cm）的 1/2尺寸，從⑤向上畫平行線。
⑦沿底中心線上下對稱繪圖。
⑧四周加上縫份（0.75cm）。

～縫製重點～

縫上拉鍊後翻到背面，於頂部側身與袋身交界的縫份（★）剪牙口。先對齊頂部側身與脇邊側身，再對齊袋身與脇邊側身，剪牙口側置於上方進行車縫。不需勉強續縫頂部側身的角，一邊一邊車縫可減少失敗。

粽型

粽型是由三角形組成的四面體。

【 拉鍊在中間 】

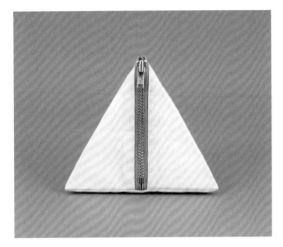

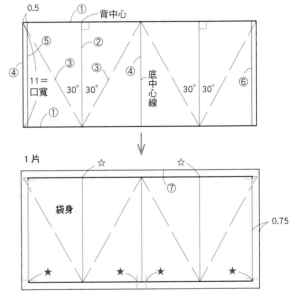

0.5 ① 背中心

⑤ ②
④ ③ ③ ④ ⑥
11＝ 30° 30° 底 30° 30°
口寬 中
① 心
線

1 片

☆ ☆
⑦
袋身
0.75
★ ★ ★ ★

拉鍊：10cm

外觀像金字塔

在一面正三角形的中央裝上拉鍊。請注意要扣掉1cm的拉鍊寬。拿來放糖果等零嘴再適合不過。

～縫製重點～

縫上拉鍊後翻到背面，為了讓拉鍊居中，先將底邊的★對齊車縫，再將另一側的☆對齊縫合。

製圖順序

①決定袋口長（11cm），畫水平線。
②決定背中心，畫垂直線。
③從②與下線的交會點畫約30°斜線。
④從③的斜線與上線的交會點開始畫垂直線。
⑤袋口剪去1/2拉鍊寬（0.5cm）。
⑥沿底中心線上下對稱繪圖。
⑦四周加上縫份（0.75cm）。

【 拉鍊在脇邊 】

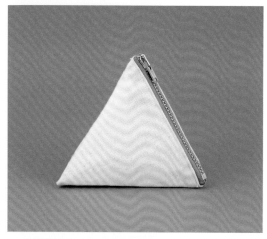

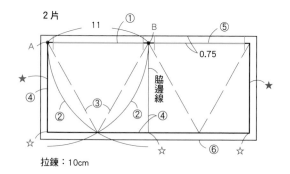

2片

11　①　　B　⑤

A　　　　　　　0.75

★　④　　脇邊線　　★

④　②　　③　②　④

☆　　　　　☆　⑥　☆

拉鍊：10cm

拉鍊接縫於相鄰的邊上

將拉鍊縫在正三角形的一個邊上，有別於p.41可以不在意
拉鍊寬。適合當首飾包等，就多作幾個小尺寸粽型包吧！

製圖順序

①決定一邊的長度（範例是11cm）畫橫線。
②取一邊的長度，以圓規自A‧B點畫圓弧。
③連結圓弧的交會點與A‧B點畫正三角形。
④經由交會點畫水平線，分別從A‧B點畫垂直線。
⑤沿脇邊線左右對稱繪圖。
⑥四周加上縫份（0.75cm）。

～縫製重點～

縫上拉鍊後翻到背面，將底中心線的★對齊車縫，燙開縫份重新
摺疊，再對齊☆縫合。拉鍊的方向是上止側接縫於袋布脇邊線
側，下止側接縫於縫份側，從正面沿拉鍊旁壓線時較容易作業。

【 拉鍊在中間・長形 】

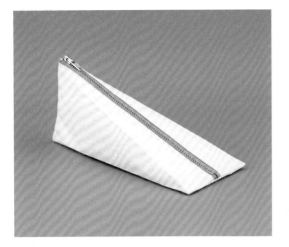

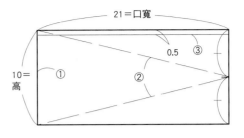

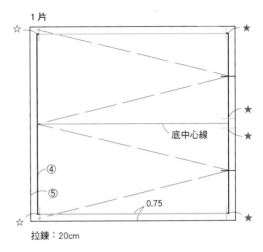

21＝口寬

0.5　③

10＝高　①　②

1 片

☆　★

底中心線

④

⑤

0.75

☆　★

拉鍊：20cm

拉長袋身

這是p.41「拉鍊在中間」的拉長版，底邊長度不變，拉鍊長度加倍。適合收納形狀不規則的工具等。

製圖順序

①畫袋口長（21cm）×高（10cm）的長方形。
②將右邊二等分，連結左側兩個角畫山摺線。
③袋口剪掉1/2拉鍊寬（0.5cm）。
④沿底中心線上下對稱繪圖。
　以底中心線為準，左右對稱繪圖。
⑤四周加上縫份（0.75cm）。

～縫製重點～

縫上拉鍊後翻到背面，為了讓拉鍊居中，先將底邊的★對齊車縫，再將另一側的☆對齊縫合。

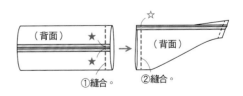

（背面）　★

★

①縫合。

☆

（背面）

②縫合。

支架口金

袋口安裝口金，啪的打開就能輕鬆取出袋內物品。

【 支架口金・高 】

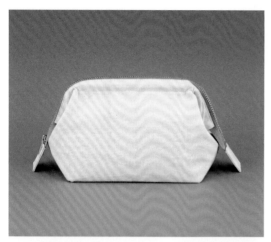

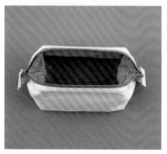

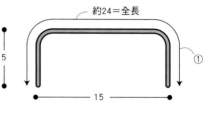

約24＝全長

5

15

表布 1 片・裡布 1 片

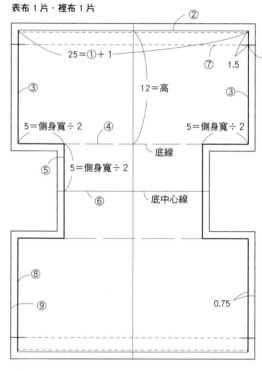

②

25＝①＋1

⑦ 1.5

開口止點

③

12＝高

③

5＝側身寬÷2 ④

5＝側身寬÷2

⑤ 5＝側身寬÷2

底線

⑥ 底中心線

⑧

⑨ 0.75

拉鍊：30cm

袋身是簡單的打底角型

若不安裝口金，就是p.10的「基本型波奇包」。決定袋口的寬度時，需考量要將穿入口金的通道止縫固定於兩脇邊的鬆份。拉鍊兩端超出袋身，以襠布包覆收尾。

製圖順序

①測量支架口金的全長。
②在①加上1cm鬆份（左右各0.5cm），畫袋口線。
③從兩脇邊畫垂直線。
④於高（12cm）的位置畫底線。
⑤從脇邊於1/2側身寬（5cm）位置畫垂直線。
⑥從底線於1/2側身寬（5cm）位置畫底中心線。
⑦在距袋口1.5cm的位置加上開口止點記號並在壓線位置畫線。
⑧沿底中心線上下對稱繪圖。
⑨四周加上縫份（0.75cm）。

如何配合支架口金決定尺寸

另外，側身寬度是依口金的寬與高考量平衡感後決定尺寸。p.44、p.45都是口金寬＝底寬、口金高＝1/2側身寬，脇邊線垂直，所以一打開袋口就變成箱形。

【 支架口金・矮 】

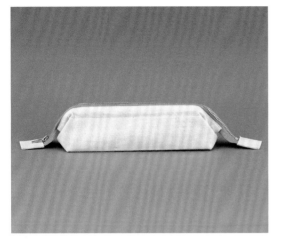

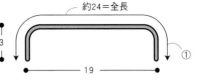

約24＝全長

3

19

①

表布 1 片・裡布 1 片

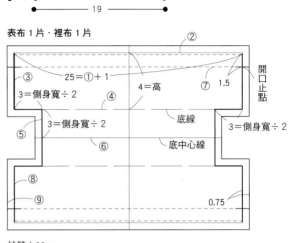

②

③ 25＝①＋1

3＝側身寬÷2 ④

4＝高

⑦ 1.5

開口止點

3＝側身寬÷2

3＝側身寬÷2 ⑤

⑥

底線

底中心線

⑧

⑨

0.75

拉鍊：30cm

使用短腳支架口金

使用短腳的細長款支架口金。適用於筆袋或工具包等。雖然口金尺寸不同，口金通道的寬度與鬆份大致相同。

製圖順序

①測量支架口金的全長。

②～⑨請參照p.44「支架口金・高」繪圖。

如何配合支架口金決定袋口與拉鍊的長度

將支架口金長度加上用來縫合口金通道所需的鬆份，也就是左右各加上0.5～1.5cm，即為袋口的長度。至於拉鍊長度則是袋口尺寸再加上拉鍊超出袋身的部分，則左右各加2～4cm。

～縫製重點～

使用支架口金時，因為拉鍊是超出袋身，脇邊的可動範圍較大，可以在組裝袋身後，再從正面於拉鍊四周壓線。

只由直線組成的設計

無側身型

打角側身

剪接

摺疊側身

雙拉鍊

牛奶糖型

配布側身

一片布箱型

粽型

支架口金

圓弧曲線設計

接下來要介紹圓弧曲線設計。
有的是沿著曲線接縫拉鍊，
有的是直線接縫拉鍊，
等到與袋布縫合才出現弧度。
不管是哪一種都會於縫份剪牙口，
翻到正面後也會以錐子整型，
提升作品的完成度。那麼就以漂亮曲線為目標吧！

【 支架口金・矮 】

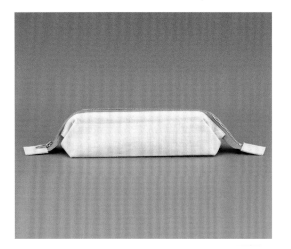

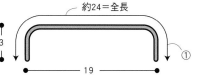

約24＝全長

3

19 ①

表布1片・裡布1片

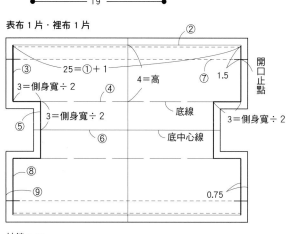

②

③ 25＝①＋1 ⑦ 1.5 開口止點

3＝側身寬÷2 4＝高

④

⑤ 3＝側身寬÷2 底線 3＝側身寬÷2

⑥ 底中心線

⑧

⑨ 0.75

拉鍊：30cm

使用短腳支架口金
使用短腳的細長款支架口金。適用於筆袋或工具包等。雖然口金尺寸不同，口金通道的寬度與鬆份大致相同。

製圖順序
①測量支架口金的全長。
②～⑨請參照p.44「支架口金・高」繪圖。

如何配合支架口金決定袋口與拉鍊的長度
將支架口金長度加上用來縫合口金通道所需的鬆份，也就是左右各加上0.5～1.5cm，即為袋口的長度。至於拉鍊長度則是袋口尺寸再加上拉鍊超出袋身的部分，則左右各加2～4cm。

～縫製重點～
使用支架口金時，因為拉鍊是超出袋身，脇邊的可動範圍較大，可以在組裝袋身後，再從正面於拉鍊四周壓線。

【 支架口金・矮 】

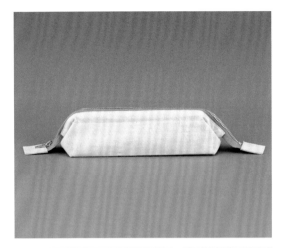

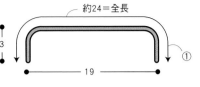

約24＝全長

3

19

①

表布1片・裡布1片

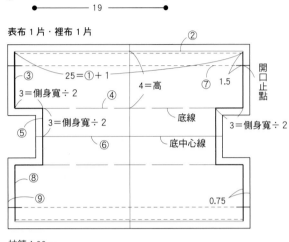

②

③　　　　25＝①＋1

⑦　1.5

開口止點

3＝側身寬÷2　　　　4＝高

④

3＝側身寬÷2　　　　底線

3＝側身寬÷2

⑤

⑥　　　　底中心線

⑧

⑨　　　　　　　　　　0.75

拉鍊：30cm

使用短腳支架口金

使用短腳的細長款支架口金。適用於筆袋或工具包等。雖然口金尺寸不同，口金通道的寬度與鬆份大致相同。

製圖順序

①測量支架口金的全長。

②～⑨請參照p.44「支架口金・高」繪圖。

如何配合支架口金決定袋口與拉鍊的長度

將支架口金長度加上用來縫合口金通道所需的鬆份，也就是左右各加上0.5～1.5cm，即為袋口的長度。至於拉鍊長度則是袋口尺寸再加上拉鍊超出袋身的部分，則左右各加2～4cm。

～縫製重點～

使用支架口金時，因為拉鍊是超出袋身，脇邊的可動範圍較大，可以在組裝袋身後，再從正面於拉鍊四周壓線。

圓弧曲線設計

接下來要介紹圓弧曲線設計。
有的是沿著曲線接縫拉鍊,
有的是直線接縫拉鍊,
等到與袋布縫合才出現弧度。
不管是哪一種都會於縫份剪牙口,
翻到正面後也會以錐子整型,
提升作品的完成度。那麼就以漂亮曲線為目標吧!

無側身型

圓角底
p.48

抓皺
p.49

褶襉
p.49

＊從p.48開始的製圖，與圓弧處縫合的直線部
分，會於合印內側加上0.2cm鬆份，可避免出
現裂縫凹陷，縫得漂亮又工整。0.2cm鬆份是
參考值，請依圓弧大小與布料厚度調整。
＊從p.65之後為和緩曲線，1/4圓大約加0.1cm
鬆份。將計算圓周得出的尾數四捨五入，取
個感覺不錯的數字使用也OK。

L字型

L型・小
p.50

L型・大
p.50

ㄇ型

ㄇ型・小
p.51

ㄇ型・大
p.51

配布側身

頂部・脇邊側身
p.52

頂部側身＋脇邊側身
p.53

頂部側身＋底側身
p.54

側身＋背側身
p.55

寬度不同袋身
p.56

橢圓底
p.57

貝殼型

基本貝殼型
p.58

上窄下寬貝殼型
p.59

全開式貝殼型
p.60

圓型

正圓・拉鍊在頂部
p.61

正圓・拉鍊在中間
p.62

拉鍊寬的側身
p.63

半圓・沿曲線接縫拉鍊
p.64

半圓・直線接縫拉鍊
p.64

圓筒型

半圓・附側身
p.65

1/4圓・沿曲線接縫拉鍊
p.66

圓筒型
p.67

2片圓＋環狀側身・淺
p.68

2片圓＋環狀側身・深
p.69

無側身型

圓角底	抓皺	褶襉
p.48	p.49	p.49

*從p.48開始的製圖，與圓弧處縫合的直線部分，會於合印內側加上0.2cm鬆份，可避免出現裂縫凹陷，縫得漂亮又工整。0.2cm鬆份是參考值，請依圓弧大小與布料厚度調整。
*從p.65之後為和緩曲線，1/4圓大約加0.1cm鬆份。將計算圓周得出的尾數四捨五入，取個感覺不錯的數字使用也OK。

L字型

L型·小	L型·大
p.50	p.50

ㄇ型

ㄇ型·小	ㄇ型·大
p.51	p.51

配布側身

頂部·脇邊側身	頂部側身+脇邊側身	頂部側身+底側身	側身+背側身	寬度不同袋身	橢圓底
p.52	p.53	p.54	p.55	p.56	p.57

貝殼型

基本貝殼型	上窄下寬貝殼型	全開式貝殼型
p.58	p.59	p.60

圓型

正圓·拉鍊在頂部	正圓·拉鍊在中間	拉鍊寬的側身	半圓·沿曲線接縫拉鍊	半圓·直線接縫拉鍊
p.61	p.62	p.63	p.64	p.64

圓筒型

半圓·附側身	1/4圓·沿曲線接縫拉鍊	圓筒型	2片圓+環狀側身·淺	2片圓+環狀側身·深
p.65	p.66	p.67	p.68	p.69

無側身型

無側身的薄型設計。並特別介紹由基本型衍生的抓皺與褶襇設計。

【 圓角底 】

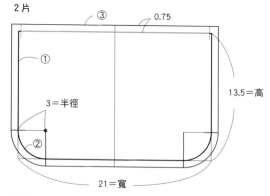

2片

③

0.75

①

3＝半徑

②

13.5＝高

21＝寬

拉鍊：20cm

圓角弧度隨個人喜好

無側身的扁平型，拉鍊接縫於頂部。底角弧度隨個人喜好。

製圖順序

①依照想要製作的「寬×高」畫長方形。

②依喜好畫底角弧度（範例是半徑3cm），於圓弧的起點與終點加上合印記號。

③四周加上縫份（0.75cm）。

〜縫製重點〜

於圓弧處的縫份剪牙口再翻至正面，是使成品更完美的訣竅。

【 抓皺 】

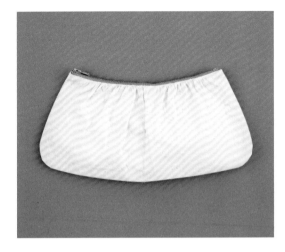

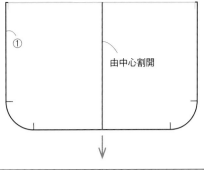

由中心割開

2片

②

10＝抓皺份

③ ② 0.75

拉鍊：20cm

建議選用柔軟布料

於拉鍊長加上皺褶份的設計。是適用柔軟布料的款式。

製圖順序

①參照p.48「圓角底①②」畫完成線。

②自中心線割開，一分為二，加入抓皺份（範例是10cm），連結袋口與底線。

③四周加上縫份（0.75cm）。

〜縫製重點〜

不論是抓皺或褶襉，若要在拉鍊旁壓線，請在接縫拉鍊後，翻至正面整燙，再以錐子一邊按壓，一邊車縫。

【 褶襉 】

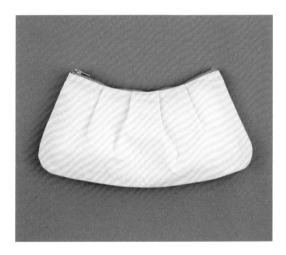

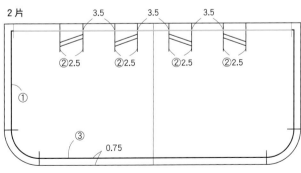

2片

3.5　3.5　3.5

②2.5　②2.5　②2.5　②2.5

①

③ 0.75

拉鍊：20cm

建議使用有張力的布

於拉鍊長加上褶襉份的設計。是適用有張力布料的款式。

製圖順序

①參照「抽皺型」的①②畫完成線。

②將加至袋口的分量（範例是10cm）分成四等份，作上褶襉記號。

③四周加上縫份（0.75cm）。

L型

只有一處為弧形的設計。特徵是只有兩邊的小幅度開口。

【 L型·小 】

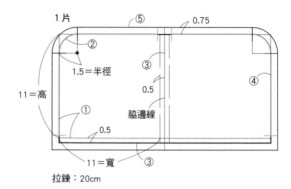

拉鍊：20cm

製圖順序
①依照想要製作的「寬×高」畫正方形。
②在邊角畫半徑1.5cm圓弧,於圓弧的起點與終點加上合印記號。
③底與脇邊各自在距1/2拉鍊寬(0.5cm)的位置畫平行線。
④沿脇邊線左右對稱繪圖。
⑤四周加上縫份(0.75cm)。

建議當雙摺短夾
拉鍊沿著夾在兩邊的一個圓弧角縫成L型,以拉鍊寬為打角側身。適合雙摺短夾的尺寸。

【 L型·大 】

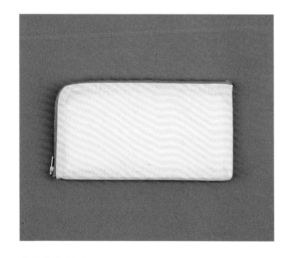

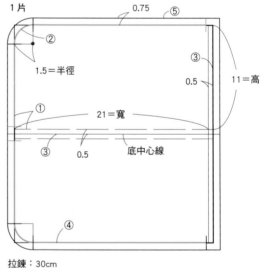

拉鍊：30cm

製圖順序
①依照想要製作的「寬×高」畫長方形。
②在邊角畫半徑1.5cm圓弧,於圓弧的起點與終點加上合印記號。
③底與脇邊各自在距1/2拉鍊寬(0.5cm)的位置畫平行線。
④沿脇邊線左右對稱繪圖。
⑤四周加上縫份(0.75cm)。

建議作為長夾
短邊與上面的「L型·小」一樣,另一邊拉長,吻合長夾的尺寸。也可作為存摺收納包與護照包等。

∏型

有兩處圓弧曲線的設計。特徵在三邊都能打開的大開口。

【 ∏型・小 】

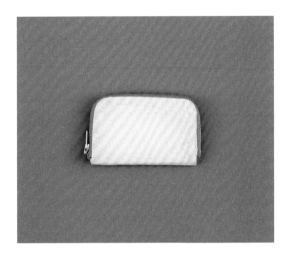

適用卡片包
拉鍊沿著夾在三個邊的兩個圓弧角縫成∏型，以拉鍊寬作為底側身。適合放卡片的尺寸。

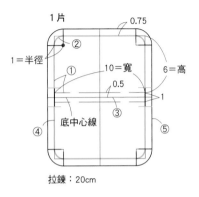

1片
0.75
②
1＝半徑
①
10＝寬
6＝高
0.5
1
③
底中心線
④
⑤
拉鍊：20cm

製圖順序
①依照想要製作的「寬×高」畫長方形。
②在邊角畫半徑1cm圓弧，於圓弧的起點與終點加上合印記號。
③在距離底的1/2拉鍊寬（0.5cm）位置畫平行線。
④沿底中心線左右對稱繪圖。
⑤四周加上縫份（0.75cm）。

【 ∏型・大 】

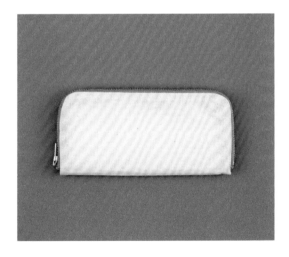

適用長夾
比上面的「∏型・小」大一圈，放紙鈔的尺寸。內部若有分隔口袋，當作薄工具包也OK。

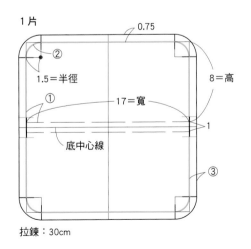

1片
0.75
②
1.5＝半徑
①
17＝寬
8＝高
1
底中心線
③
拉鍊：30cm

製圖順序
①依照想要製作的「寬×高」畫長方形。
②在邊角畫半徑1.5cm圓弧，於圓弧的起點與終點作記號。
③參照「∏型・小」的③〜⑤繪圖。

配布側身

在頂部側身、底側身與脇邊側身使用配布的設計。

【 頂部‧脇邊側身 】

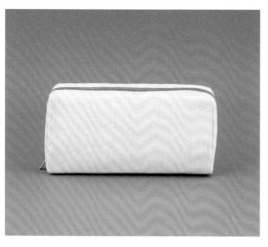

從頂部連至脇邊的配布側身

前後袋身與底連成一片裁剪，與縫上拉鍊的頂部‧脇邊側身縫合。

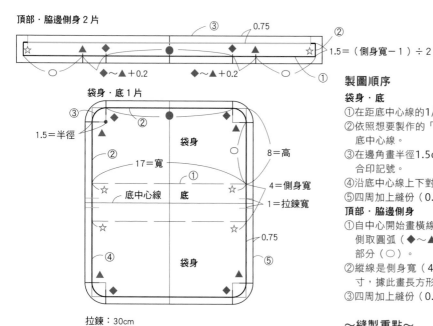

頂部‧脇邊側身 2 片

袋身‧底 1 片

拉鍊：30cm

製圖順序

袋身‧底

①在距底中心線的1/2側身寬（4cm）位置畫平行線。

②依照想要製作的「寬×高」畫長方形。脇邊畫線連至底中心線。

③在邊角畫半徑1.5cm圓弧，於圓弧的起點與終點加上合印記號。

④沿底中心線上下對稱繪圖。

⑤四周加上縫份（0.75cm）。

頂部‧脇邊側身

①自中心開始畫橫線。在袋身袋口的直線部分（●）兩側取圓弧（◆～▲）+0.2cm，再於兩側取高的直線部分（○）。

②縱線是側身寬（4cm）減去拉鍊 （1cm）的1/2尺寸，據此畫長方形。

③四周加上縫份（0.75cm）。

～縫製重點～

側身縫上拉鍊後，於對齊袋身圓弧處的側身縫份（◆～▲）較密的剪牙口。此外，袋身與底交界的四處縫份（☆）也剪牙口。確認中心記號對齊，側身側置於上方進行車縫。

【 頂部側身＋脇邊側身 】

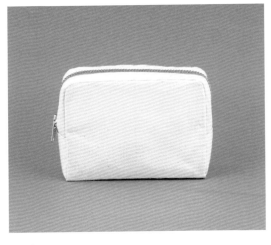

頂部側身與脇邊側身使用配布
前後袋身與底連成一片裁剪，與縫上拉鍊的頂部側身與脇邊側身縫合。若原本是要縫製p.52的「頂部‧脇邊側身」，但拉鍊不夠長時，就可改成這種型式。

製圖順序
袋身‧底
①在距底中心線的1/2側身寬（4cm）位置畫平行線。
②依照想要製作的「寬×高」畫長方形。脇邊畫線連至底中心線。
③在邊角畫半徑1.5cm圓弧，於圓弧的起點與終點加上合印記號。
④在接縫脇邊側身的位置作記號。
⑤四周加上縫份（0.75cm）。

頂部側身
①自中心開始畫橫線。在袋身袋口的直線部分（●）兩側取圓弧（◆～▲）+0.2cm，再於兩側取高的直線部分（◎）。
②縱線是側身寬（4cm）減去拉鍊（1cm）的1/2尺寸，據此畫長方形。
③四周加上縫份（0.75cm）。

脇邊側身
①以「側身寬（4cm）×從袋身底線到脇邊側身接縫位置記號的長度（○）」畫長方形。
②四周加上縫份（0.75cm）。

～縫製重點～
首先，在頂部側身縫上拉鍊，接著將脇邊側身與兩側縫合。於對齊袋身圓弧部分的側身縫份（◆～▲）較密的剪牙口。與側身角對齊的袋身與底交界的四處縫份（☆）也剪牙口。確認中心記號對齊，側身側置於上方進行車縫。

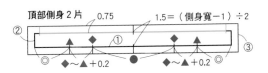

頂部側身 2 片　0.75　　1.5＝（側身寬－1）÷2
◆～▲+0.2　　　　◆～▲+0.2

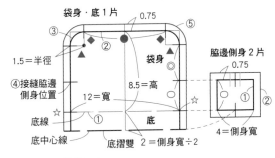

袋身‧底 1 片　0.75
1.5＝半徑
④接縫脇邊側身位置
12＝寬　　8.5＝高　　袋身
底線
底中心線　　底摺雙　2＝側身寬÷2

脇邊側身 2 片　0.75
4＝側身寬

拉鍊：20cm

【 頂部側身＋底側身 】

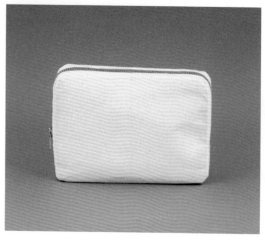

頂部與脇邊、底與脇邊相連的配布側身

將縫上拉鍊的頂部側身與底側身縫合成筒狀，再與前後2片
袋身縫合。

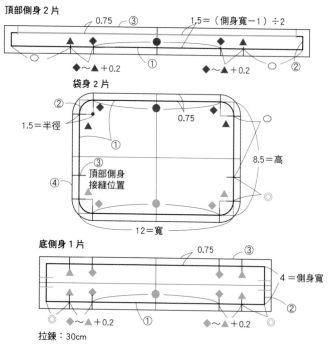

頂部側身 2 片

0.75　③　　　1.5＝（側身寬－1）÷2

◆～▲＋0.2　①　　◆～▲＋0.2　②

袋身 2 片

②　　　0.75
1.5＝半徑
①
③
頂部側身
接縫位置　　　8.5＝高
④
12＝寬

底側身 1 片

0.75　③
4＝側身寬
◎ ◆～▲＋0.2　①　◆～▲＋0.2　②

拉鍊：30cm

製圖順序

袋身

①依照想要製作的「寬×高」畫長方形。

②在邊角畫半徑1.5cm圓弧，於圓弧的起點與終點加上
　合印記號。

③在頂部側身接縫位置作記號。

④四周加上縫份（0.75cm）。

頂部側身

①自中心開始畫橫線。在袋身袋口的直線部分（●）兩
　側取圓弧（◆～▲）＋0.2cm，再於兩側取高的直線
　部分（○）。

②縱線是側身寬（4cm）減去拉鍊（1cm）的1/2尺
　寸，據此畫長方形。

③四周加上縫份（0.75cm）。

底側身

①自中心開始畫橫線。在袋身袋口的直線部分（●）的
　兩側取圓弧（◆～▲）＋0.2cm，再於兩側取高的直
　線部分（◎）。

②縱線為側身寬（4cm），據此畫長方形。

③四周加上縫份（0.75cm）。

～縫製重點～

在頂部側身縫上拉鍊後，與底側身縫合成輪狀。在要與
袋身圓弧對齊的頂部側身與底側身處的縫份（◆～▲、
◆～▲）較密的剪牙口，對齊中心記號，側身側置於上
方進行車縫。

【 側身＋背側身 】

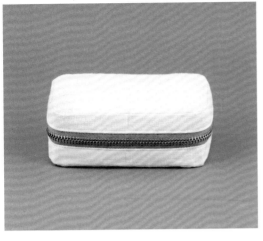

比三個邊還長的側身

以背側身將縫上拉錬的側身串連成輪狀，再與上底與下底
縫合。

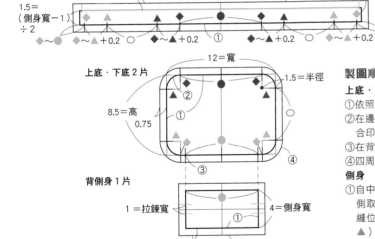

頂部側身 2 片

上底・下底 2 片

12＝寬
1.5＝半徑
8.5＝高
0.75

背側身 1 片

1＝拉錬寬
4＝側身寬
0.75

拉錬：30cm

製圖順序

上底・下底
①依照想要製作的「寬×高」畫長方形。
②在邊角畫半徑1.5cm圓弧，於圓弧的起點與終點加上
　合印記號。
③在背側身接縫位置作記號（●）。
④四周加上縫份（0.75cm）。

側身
①自中心開始畫橫線。在袋身袋口的直線部分（●）兩
　側取圓弧（◆～▲）+0.2cm，再於兩側取至脇邊接
　縫位置的高的直線部分（○），然後是取圓弧（◆～
　▲）+0.2cm，以及從◆至背側身（●）的長度。
②縱線是側身寬（4cm）減去拉錬（1cm）的1/2尺
　寸，據此畫長方形。
③四周加上縫份（0.75cm）。

背側身
①橫線是底部接縫位置間的長度（●），縱線是側身寬
　（4cm），據此畫長方形。
②四周加上縫份（0.75cm）。

～縫製重點～

側身縫上拉錬後與背側身縫合成為輪狀。在要與底部圓
弧縫合處的縫份（◆～▲、◆～▲）較密的剪牙口，準
確對齊中心記號，側身側朝上進行車縫。

【 袋身分成不同寬度 】

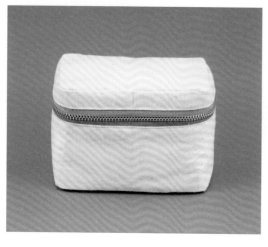
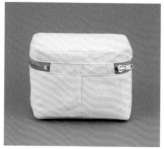

適合作為化妝箱

以脇布將拉鍊串連成輪狀，接縫上袋身與下袋身，最後與
上底與下底縫合。脇布與拉鍊的寬度一致。就像化妝箱，
適合直立式收納有高度的瓶罐等。

8＝高

上底・下底 2 片

0.75

①

1.5＝半徑

②

12＝寬

③

8.5＝深度

上袋身 1 片 ●

前中心摺雙

①　◆～▲ +0.2　　○　　～▲ +0.2

0.75　　④　　③

1.5

②

拉鍊脇布 1 片

①

0.75

②

1＝拉鍊寬

下袋身 1 片

前中心摺雙

0.75

5.5

拉鍊：30cm

製圖順序

上底・下底

①依照想要製作的「寬×深」畫長方形。

②在邊角畫半徑1.5cm圓弧，於圓弧的起點與
終點加上合印記號。

③四周加上縫份（0.75cm）。

上袋身

①自前中心開始畫橫線。取上底袋口的直線部
分（●～◆）、圓弧（◆～▲）＋0.2cm。
再於旁邊取深度的直線部分（○）、圓弧
（▲～◆）＋0.2cm，以反後側的直線部分
（◆～●）長度。

②縱線取喜歡的高度（範例是1.5cm）。

③決定拉鍊接縫止點與脇布接縫止點。

④四周加上縫份（0.75cm）。

下袋身

依上袋①～④繪圖。

拉鍊脇布

①橫線是從上袋身的後中心（●）到接縫位置
的兩倍長，縱線是拉鍊寬（1cm），據此畫
長方形

②四周加上縫份（0.75cm）。

～縫製重點～

以脇布接縫拉鍊兩端成為輪狀。上袋身與下袋
身也各自縫合脇邊成為輪狀，再將上袋身、拉
鍊與下袋身縫合。在要與底部曲線縫合的袋身
處縫份（◆～▲、◆～▲）較密的剪牙口，將
中心記號準確對齊，側身側置於上方進行車
縫。

【 橢圓底 】

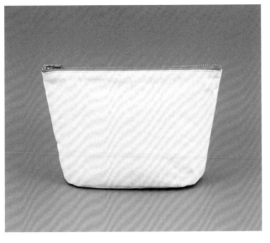

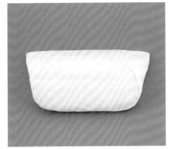

底是橢圓形配布

由2片長方形袋身及1片橢圓袋底組成。只要袋身寬度能與
袋底的外圍長度疊合，可輕鬆的配置不同形狀的袋底。
p.36是同樣的袋身搭配長方形的底。與角底相比，橢圓底
有著不易磨損的優點。

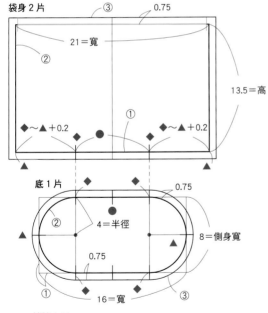

袋身 2 片

③　0.75

21＝寬

②

13.5＝高

①

◆～▲＋0.2　　◆～▲＋0.2

●

▲　　　▲

底 1 片

◆　　◆

0.75

②

4＝半徑

▲　　▲

8＝側身寬

0.75

①

③

16＝寬

拉鍊：20cm

製圖順序

底

①依照想要製作的「寬×側身寬」畫長方形。

②以選定的半徑（範例是4cm）於兩脇邊畫半圓，於半圓的起
　點與終點加上合印記號（◆、▲）。

③四周加上縫份（0.75cm）。

袋身

①在底寬的直線部分（●）兩側取底部曲線（◆～▲的長度）
　+0.2cm。

②縱線為袋身高度，據此畫長方形。

③四周加上縫份（0.75cm）。

～縫製重點～

在要與底部曲線縫合的袋身處縫份（◆～▲）剪牙口，對齊中
心記號，袋身側朝上車縫。

貝殼型

只有接縫拉鍊的上半部是圓弧曲線，下半部為打底角的設計。

【 基本貝殼型 】

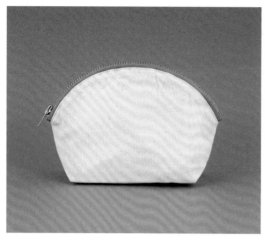

底部縮減的形狀

製圖上，從圓弧曲線的拉鍊接縫止點開始，脇邊線是往底部垂直延伸。但從正面看，底部則是縮減的。

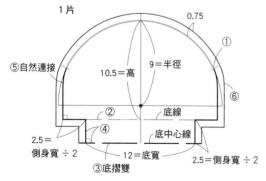

製圖順序

①以選定的半徑（範例是9cm）畫半圓，決定拉鍊接縫止點。
②以選定的高度（範例是10.5cm）畫底線。
③取側身寬（範例是5cm）的1/2，畫底中心線。
④決定底寬（範例是12cm），以垂直線連接底線。
⑤從④的交會點於兩側取1/2側身寬向上畫垂直線，與①自然的連接。
⑥四周加上縫份（0.75cm）。

~縫製重點~

沿著圓弧曲線暫時固定拉鍊時，首先對齊中心記號，接著對齊合緩的曲線，以適度間距於拉鍊布帶邊剪牙口，拉開拉鍊，先黏貼固定一側，再固定另一側。

【 上窄下寬的貝殼型 】

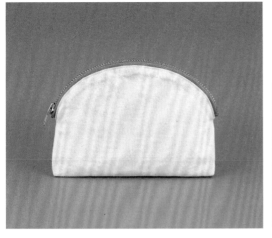
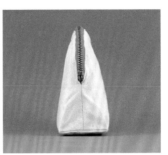

從正面看橫寬是固定的

製圖上,脇邊線是從拉鍊接縫止點往下變寬的形狀。但從正面看,拉鍊接縫止點位置的寬度與底寬是相等的。

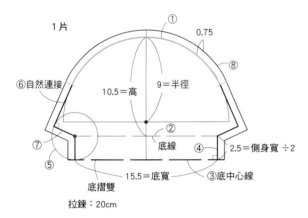

1片

① 0.75

⑥自然連接

⑧

9=半徑

10.5=高

② 底線 ④

2.5=側身寬÷2

⑦

⑤

15.5=底寬 ③底中心線

底摺雙

拉鍊:20cm

製圖順序

①以選定的半徑(範例是9cm)畫半圓,決定拉鍊接縫止點。
②以選定的高度(範例是10.5cm)畫底線。
③取側身寬(範例是5cm)的1/2畫底中心線。
④決定底寬(範例是15.5cm),以垂直線連接底線。
⑤以④的交會點為中心,1/2側身寬(2.5cm)為半徑畫圓弧。
⑥找出從①的圓弧延伸的直線與⑤的圓弧半徑垂直交會的點加以連結。
⑦連結④與⑥的點,畫底側身線。
⑧四周加上縫份(0.75cm)。

～縫製重點～

拉鍊的接縫方式與p.58一樣。請特別注意,因為脇邊線向外擴,在車縫底側身時脇邊線要燙開壓平再與底中心線對齊。

【 全開式貝殼型 】

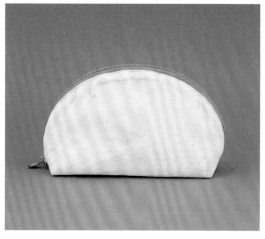
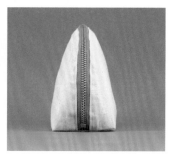

開口延伸到底部

拉鍊接縫位置緊臨脇邊的底,半圓部分可整個打開。因為有拉鍊寬份,所以底側身的尺寸在脇邊側與底側並不相等,請特別注意。

1 片

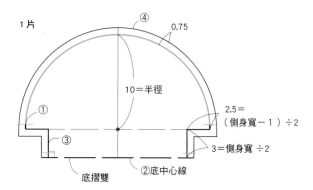

10＝半徑

0.75

2.5＝
（側身寬－1）÷2

3＝側身寬 ÷2

底摺雙

②底中心線

拉鍊：30cm

製圖順序

①以選定的半徑（範例是10cm）畫半圓,決定拉鍊接縫止點。
②以側身寬（範例是6cm）的1/2畫底中心線。
③從①半圓的角取側身寬減去拉鍊的1/2尺寸,往底中心線畫垂直線。
④四周加上縫份（0.75cm）。

～縫製重點～

因為是將縫上拉鍊的兩端與底側身縫合,除了準確對齊中心與接縫止點位置外,還要正確車縫拉鍊的寬度。

圓型

疊合正圓、半圓,或是接縫側身等的組合設計。

【 正圓・拉鍊在頂部 】

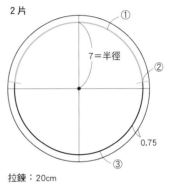

2片

7＝半徑

0.75

①

②

③

拉鍊:20cm

在圓周曲線接縫拉鍊

在兩片圓的1/2圓周位置接縫拉鍊,為無側身扁平型。在翻到正面之前,先於圓周的整體縫份剪牙口再翻面整燙。

製圖順序

①畫半徑7cm的圓。
②決定拉鍊接縫止點。
③四周加上縫份(0.75cm)。

～縫製重點～

因為整個包包都是圓的,為求漂亮整齊而在縫份剪牙口。首先在拉鍊的布帶端剪牙口,拉開拉鍊,先對齊一側的記號黏貼固定後車縫,接著操作另一側。袋布的下半部可先縫合再於縫份剪牙口。

【 正圓・拉鍊在中間 】

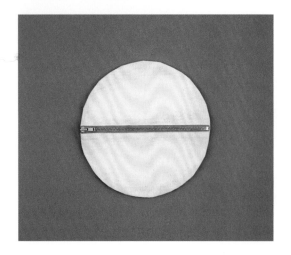

拉鍊位於圓的中間

在單片圓袋身的中央接縫拉鍊，為無側身扁平型。接縫拉
鍊的前袋身側需要縫份，所以並不是單純的將一片圓分成
兩半。

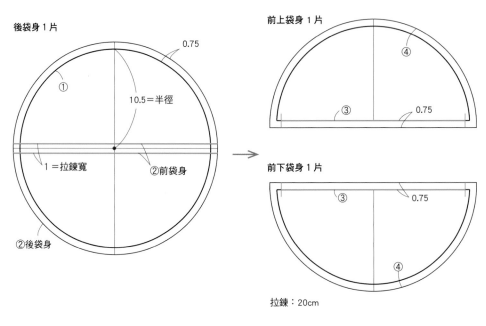

後袋身1片

0.75

①

10.5＝半徑

1＝拉鍊寬

②前袋身

②後袋身

前上袋身1片

④

③

0.75

前下袋身1片

③

0.75

④

拉鍊：20cm

製圖順序

後袋身
①畫半徑10.5cm的圓。
②四周加上縫份（0.75cm）。

前袋身
①畫半徑10.5cm的圓。
②加上拉鍊 （1cm）的記號。
③沿②的線將圓分成上下兩半。
④各自於四周加上縫份（0.75cm）。

～縫製重點～

縫上拉鍊後，袋布正面相對疊合車縫外圍，整
體縫份剪牙口再翻到正面，以錐子與熨斗整理
輪廓線。

【 拉鍊寬的側身 】

與拉鍊同寬的側身

將p.61「正圓·拉鍊在頂部」加入與拉鍊等寬的側身。拉鍊與側身的平衡並非1/2也OK。若將拉鍊加長，開口幅度會變大。

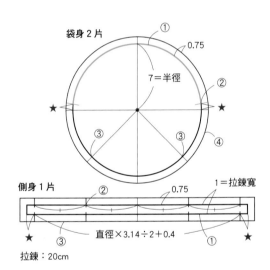

袋身2片

0.75

7＝半徑

側身1片

0.75

1＝拉鍊寬

直徑×3.14÷2＋0.4

拉鍊：20cm

製圖順序

袋身
①畫半徑7cm的圓。
②決定拉鍊接縫止點。
③將圓的下半部分成四等分，加上合印記。
④四周加上縫份（0.75cm）。

側身
①寬是在1/2圓周（直徑×3.14×÷2）＋0.4cm的兩側取★，高則是拉鍊寬（1cm），據此畫長方形。
②將扣除寬的★部分分成四等分，加上合印記號。
③四周加上縫份（0.75cm）。

～縫製重點～

拉鍊兩端與側身縫合成輪狀，於拉鍊布帶端與側身縫份適度的剪牙口，一邊確認中心記號，一邊對齊袋身。

【 半圓 · 沿曲線接縫拉鍊 】

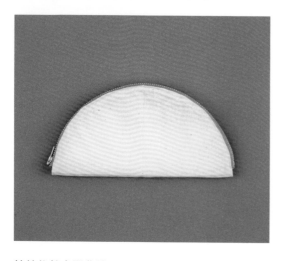

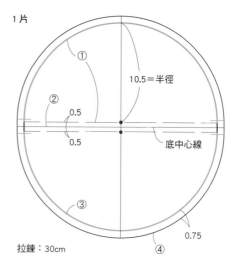

1片

10.5＝半徑

0.5

0.5

底中心線

拉鍊：30cm

0.75

拉鍊位於半圓曲線

沿半個圓周接縫拉鍊。與p.63一樣，因為拉鍊變成側身，所以拉開拉鍊寬份與圓心接縫底側身。

製圖順序

①畫半徑10.5cm的半圓。
②在1/2拉鍊寬的位置平行畫底中心線。
③沿底中心線上下對稱繪圖。
④四周加上縫份（0.75cm）。

〜縫製重點〜

於拉鍊的布帶端剪牙口，拉開拉鍊，兩側各自對齊中心黏貼於左右。

【 半圓 · 拉鍊位於直線側 】

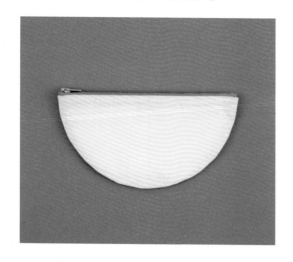

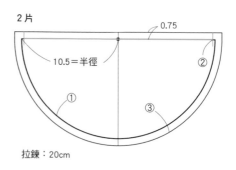

2片

0.75

10.5＝半徑

拉鍊：20cm

沿直線接縫拉鍊

沿圓的直徑，即直線部分接縫拉鍊。雖是縫合兩片半圓的無側身扁平型，也可應用p.63作法附上側身。

製圖順序

①畫半徑10.5cm的半圓。
②決定拉鍊接縫止點。
③四周加上縫份（0.75cm）。

【 半圓・附側身 】

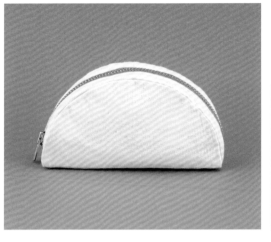

接縫拉鍊部分是直線

前後袋身與底連成一片裁剪的橢圓形,與縫上拉鍊的長方形側身縫合。描繪將側身份與圓中心展開的橢圓形。雖然是曲線設計,但拉鍊是接縫於直線部分。

頂部側身 2 片

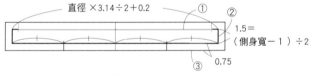

直徑 ×3.14÷2＋0.2 ①

② 1.5＝
（側身寬－1）÷2

③ 0.75

袋身・底 1 片

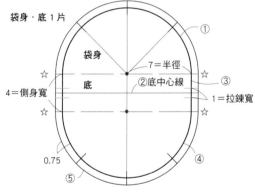

袋身
7＝半徑
底 ②底中心線
4＝側身寬
1＝拉鍊寬
0.75

拉鍊:20cm

製圖順序

袋身・底
①畫半徑7cm的半圓。
②取1/2側身寬的距離畫底中心線。
③拉長①的脇邊線,與底中心線垂直連接。
④沿底中心線上下對稱繪圖。
⑤四周加上縫份(0.75cm)。

頂部側身
①橫線取「直徑(14cm)×3.14÷2＋0.2」長,分成四等分並加上合印記號。
②縱線取側身寬(4cm)減掉拉鍊寬(1cm)的1/2長,據此畫長方形。
③四周加上縫份(0.75cm)。

〜縫製重點〜
側身縫上拉鍊後,在要與袋身曲線對齊的側身縫份較密的剪牙口。與側身的角對齊的袋身與底交界的四處縫份(☆)也剪牙口,也將中心記號對齊,側身側置於上方縫合。

【 半圓・附側身 】

off

off

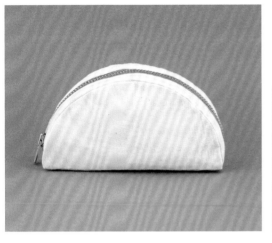

off

接縫拉鍊部分是直線

前後袋身與底連成一片裁剪的橢圓形，與縫上拉鍊的長方
形側身縫合。描繪將側身份與圓中心展開的橢圓形。雖然
是曲線設計，但拉鍊是接縫於直線部分。

off

頂部側身 2 片

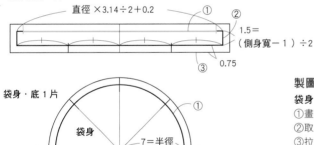

直徑 ×3.14÷2＋0.2　①　②

1.5＝
（側身寬－1）÷2

③　0.75

袋身・底 1 片

袋身
底
7＝半徑
②底中心線
①
③
4＝側身寬
☆
☆
1＝拉鍊寬
④
0.75
⑤

拉鍊：20cm

製圖順序

袋身・底
①畫半徑7cm的半圓。
②取1/2側身寬的距離畫底中心線。
③拉長①的脇邊線，與底中心線垂直連接。
④沿底中心線上下對稱繪圖。
⑤四周加上縫份（0.75cm）。

頂部側身
①橫線取「直徑（14cm）×3.14÷2＋0.2」長，分成四等分
並加上合印記號。
②縱線取側身寬（4cm）減掉拉鍊寬（1cm）的1/2長，據此
畫長方形。
③四周加上縫份（0.75cm）。

～縫製重點～

側身縫上拉鍊後，在要與袋身曲線對齊的側身縫份較密的剪牙
口。與側身的角對齊的袋身與底交界的四處縫份（☆）也剪牙
口，也將中心記號對齊，側身側置於上方縫合。

【 1/4圓‧拉鍊在圓弧邊 】

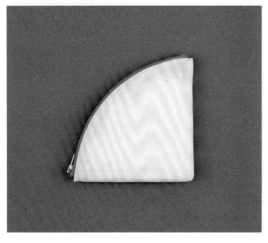

沿1/4圓周縫上拉鍊
拉開拉鍊的寬份與半圓中心,同時也別忘了縫合半徑側也
延伸1/2側身寬。

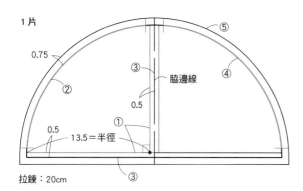

1片

0.75

②

③

脇邊線

④

⑤

0.5

①

0.5

13.5＝半徑

③

③

拉鍊:20cm

製圖順序
①畫兩條垂直相交的直線。
②畫半徑13.5cm的1/4圓。
③各自在距脇邊與底1/2拉鍊的位置畫平行線。
④沿脇線左右對稱繪圖。
⑤四周加上縫份(0.75cm)。

～縫製重點～
於拉鍊布帶端剪牙口,拉開拉鍊,先黏貼固定一側,再固
定另一側。拉鍊的方向是上止側接縫於袋布脇邊線側,下
止側接縫於縫份側,從正面沿拉鍊旁壓線時會比較容易作
業。

圓筒型

由兩片圓與長方形組成的圓筒型。變換直徑與高的比例，就能因應各種用途的設計。

【 圓形橫側身 】

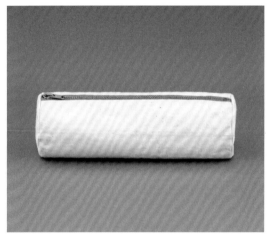 

橫側身是圓的

形狀就像倒下的圓筒，適合作為筆袋等。雖然是曲線設計，但因為接縫拉鍊的位置是直線，屬於低難度。

側身 2 片

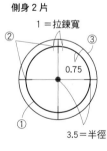

1＝拉鍊寬
0.75
3.5＝半徑

袋身 1 片

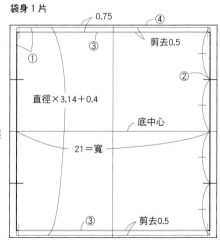

0.75
④
剪去0.5
③
①
②
直徑×3.14＋0.4
底中心
21＝寬
③
③
剪去0.5

拉鍊：20cm

製圖順序

側身

①畫半徑3.5cm的圓。
②在圓心及拉鍊寬位置作記號。
③四周加上縫份（0.75cm）。

袋身

①橫線長度隨喜好，縱線為「直徑（7cm）×3.14
　＋0.4cm」，據此畫長方形。
②將縱線分成四等分，加上合印記號。
③上下皆平行的剪去1/2拉鍊寬後畫袋口線。
④四周加上縫份（0.75cm）。

～縫製重點～

縫上拉鍊後，於兩脇邊的縫份剪牙口，確實對齊合印固定側身，袋身側置於上方縫合。

【 2片圓＋環狀側身・淺 】

可繞一圈打開袋口

相對於圓的直徑將高度壓低的圓筒型。開口愈大愈好使
用，所以縮短脇布尺寸。

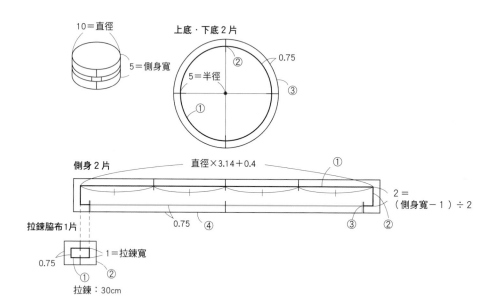

10＝直徑
5＝側身寬

上底・下底 2片
0.75
②
5＝半徑
③
①

側身 2片
直徑×3.14＋0.4
①
2＝
（側身寬－1）÷2
0.75
④
③
②

拉錬脇布 1片
1＝拉錬寬
0.75
①　②
拉錬：30cm

製圖順序

上底・下底
①畫半徑5cm的圓。
②在縱橫的中心作記號。
③四周加上縫份（0.75cm）。

側身
①橫線取「直徑（10cm）×3.14＋0.4cm」的長，分
　成四等分加上合印記號。
②縱線取選定的高度減掉拉錬寬（1cm）的1/2尺寸，
　據此畫長方形。
③決定拉錬接縫止點。
④四周加上縫份（0.75cm）。

拉錬脇布
①橫線取側身端至拉錬接縫止點的2倍長，縱線為拉錬
　寬（1cm），據此畫長方形。
②四周加上縫份（0.75cm）。

～縫製重點～

首先將拉錬兩端與脇布縫合成輪狀，側身也各自車縫脇
邊成輪狀後再與拉錬縫合。於側身縫份適度剪牙口，將
中心記號對齊固定上底・下底，側身側置於上方縫合。

【 2片圓＋環狀側身・深 】

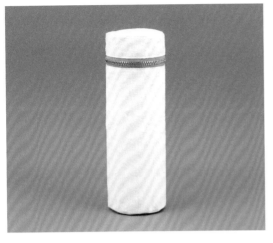

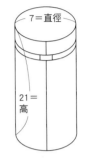

7＝直徑

21＝高

可當保溫杯套

整體尺寸和p.67相同，作法與p.68一樣。相對於圓的直徑
將高度拉長，剛好是保溫杯套的形狀。拉鍊位置以能夠輕
鬆取放內容物為主。

上底・下底2片

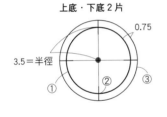

0.75

3.5＝半徑

①　②　③

拉鍊脇布1片

①　0.75　②

1＝拉鍊寬

上袋身1片

⑤　⑥　0.75

下袋身1片

⑤　0.75

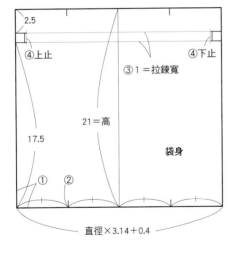

2.5

④上止　④下止

③1＝拉鍊寬

21＝高

袋身

17.5

①　②

直徑×3.14＋0.4

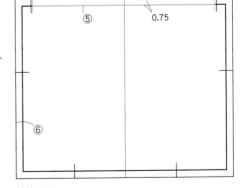

⑥

拉鍊：20cm

製圖順序

上底・下底
①畫半徑3.5cm的圓。
②在縱橫的中心作記號。
③四周加上縫份（0.75cm）。

袋身
①縱線取選定的高度，橫線為「直徑（7cm）×3.14
　＋0.4cm」的長，據此畫長方形。
②橫線分成四等分，加上合印記號。

③在拉鍊寬的位置畫線。
④決定拉鍊接縫止點。
⑤沿③的線分成上下。
⑥各自於四周加上縫份（0.75cm）。

拉鍊脇布
①橫線取袋身端至拉鍊接縫止點的2倍長，縱線為拉鍊
　寬（1cm），據此畫長方形。
②四周加上縫份（0.75cm）。

附屬配件

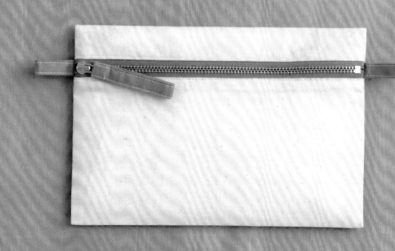

在左右拉鍊波奇包好用度的配件中，
協助拉動拉鍊的配件出乎意料的重要。
一旦少了夾於脇邊的耳絆或裝至拉頭的拉片，
拉鍊就會不易開合，變得不好用。
此外，加裝口袋、隔層，或是接上提把等，
都能讓包包用起來更順手，
請盡情發揮創意。

耳絆

夾在脇邊
p.72

夾在拉鍊旁側
p.72

夾在袋口
p.72

包覆拉鍊耳
p.73

提把

夾在脇邊
p.74

加裝於袋身
p.74

拉片配飾

穿進拉片孔
p.75

包覆拉片
p.75

口袋

基本型口袋
p.76

打褶口袋
p.76

分隔式口袋
p.77

側身＋分隔式口袋
p.77

耳絆

讓開合拉鍊更輕鬆的重要小配件。若使用配布或織帶還伴隨裝飾效果。

【 夾在脇邊 】

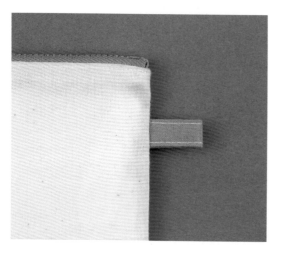

基本型耳絆

扁平或打底角,作有脇邊線的包款就夾在脇邊線,單側或
兩側皆可。先暫時固定於脇邊縫份就不會縫歪。

【 夾在拉鍊旁側 】

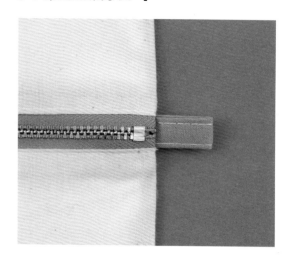

與拉鍊等寬打造俐落感

牛奶糖型波奇包與箱型包,附側身的款式,大多將耳絆夾
在與拉鍊對接的位置。若與拉鍊寬一致,看起來就更乾淨
俐落。

【 夾在袋口當吊耳 】

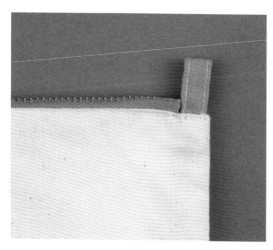

注意袋口長度

耳絆夾在拉鍊兩脇邊時,要將拉鍊長度加上耳絆寬度決定
袋口寬。若不小心出現縫隙,之後插入縫合亦可。

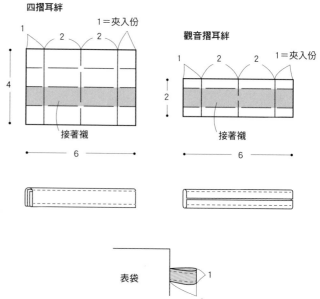

【 包覆拉鍊耳 】

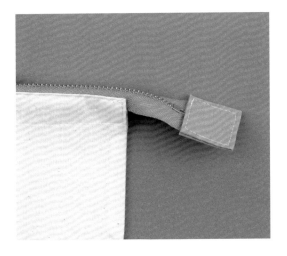

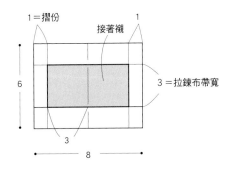

1＝摺份　接著襯　1

6

3　3＝拉鍊布帶寬

8

常見於支架口金波奇包

配合拉鍊布帶寬製作襠布，包覆拉鍊上下耳縫合，此時稱為襠布。安裝支架口金的波奇包一定會用到。其他拉鍊兩端超出袋身的波奇包，有時也會比照處理。

~縫製重點~

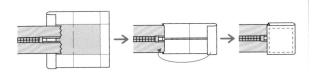

若兩脇邊都夾入耳絆

如同p.72「夾在袋口」的作法，在拉鍊兩脇邊都裝上耳絆，就可用來吊掛可拆式提把，範例是市售的附問號鉤皮革提把。當然也可使用相同布料製作提把，以問號鉤掛上，或是直接使用鍊條。

提把

雖說是波奇包，但有時就是想當成迷你包使用。
提把可以牢牢固定，或是選擇可拆式，隨個人喜好。

【 夾在脅邊 】

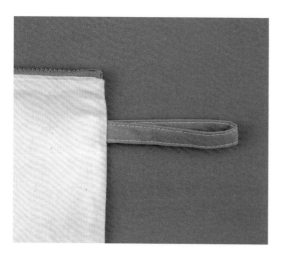

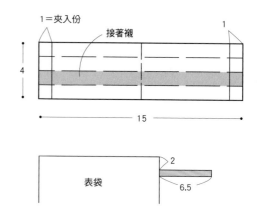

腕帶型
想要稍微掛在手上時，可將耳絆拉長成腕帶夾至脅邊。
將鍊條穿過耳絆也是一個方法。

【 固定於袋身 】

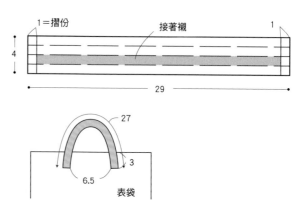

以相同布料製作一般提把
若沒必要取下提把，就可直接固定於袋身。以相同布料製
作提把更加方便。將提把縫在能輕鬆拉向兩側的位置，以
免影響拉鍊開合。

拉片配飾

拉片太小會不易拉動拉鍊。
普通的拉片加點配飾，使用起來就會更舒適。

【 穿進拉片孔 】

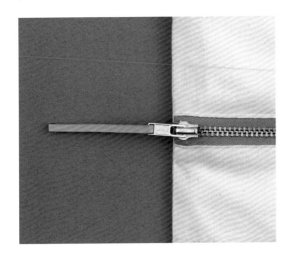

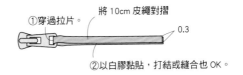

①穿過拉片。　　將 10cm 皮繩對摺

0.3

②以白膠黏貼，打結或縫合也 OK。

使用皮繩或緞帶
有個小孔的拉片，只是穿進細皮繩或緞帶，拉鍊就變得順
手好拉。先穿進單圈再掛上喜歡的吊飾也很不錯。

【 包覆拉片 】

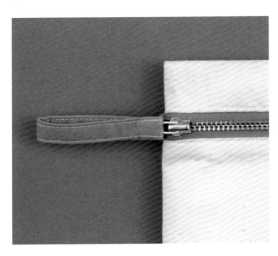

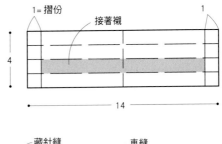

1＝摺份　　　接著襯　　　　　1

4

14

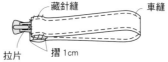

藏針縫　　　車縫

拉片　　摺 1cm

活用零碼布
範例是使用相同布料或薄零碼布製作配飾，包覆拉片後利
用拉片小孔手縫固定。可掛在手指拉動的長度，好用極
了！

口袋

想依波奇包用途，將置入物品隔開時，
適材適所的口袋便派上用場，還能量身訂作！

【 基本型口袋 】

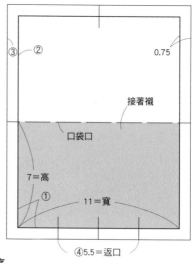

基本型口袋
簡單又萬用的雙層縫口袋。具有一定容量的稍大波奇包，
若有用剩的裡布，作個口袋裝上，方便好用。也可縫在正
面當成重點裝飾。

製圖順序
①依完成尺寸畫長方形。
②將①縱向拉長成兩倍。
③四周加上縫份（0.75cm）。
④口袋底加上返口（口袋寬的1/2）記號。

【 打褶口袋 】

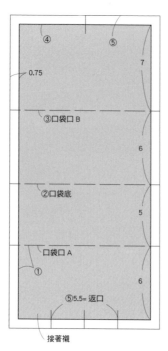

作為卡片口袋
收納卡片等薄物的口袋。可應用此基本型組合成2列×3行
等，加裝於卡片包或錢包的裡布上。

製圖順序
①依照想要製作的「寬×至
　口袋口A的高」畫長方形。
②因為有1cm高低差，在「①
　的高－1cm」的位置畫平
　行線。
③於①的高同一位置畫平行
　線，作為口袋口B。
④再於「①的高＋1cm」的
　位置畫平行線，這是整個
　口袋的背面。
⑤四周加上縫份（0.75cm），
　於底部加上返口記號。

【 分隔式口袋 】

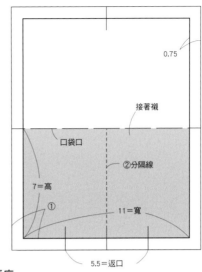

0.75

接著襯

口袋口

②分隔線

7＝高

①

11＝寬

5.5＝返口

在合用的位置隔開

基本上是車縫口袋中心進行分隔。依實際需要決定分成幾格、間隔多寬。應用於工具箱可方便收納。

製圖順序

①依p.76「基本型口袋」繪圖。
②在隔開位置畫分隔線。範例是在中心畫線。

【 側身＋分隔式口袋 】

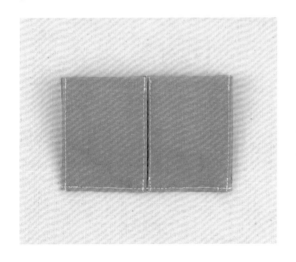

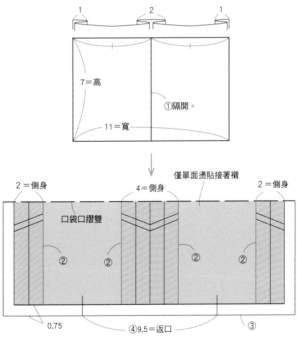

1　2　1

7＝高

①隔開。

11＝寬

2＝側身　4＝側身　僅單面燙貼接著襯　2＝側身

口袋口摺雙

②　②　②　②

0.75　④9.5＝返口　③

建議收納
有厚度物品

附側身的口袋適合收放有厚度物品，如化妝箱。想要縫得漂亮又工整，訣竅在於仔細燙壓摺痕，再按步就班車縫。

製圖順序

①依完成尺寸畫長方形，於分隔位置（範例是中心）畫線。
②由分隔位置剪開，各於剪開處與兩脇邊加上2cm側身份。
　側身記號是由高處往低處的並行斜線。
③四周加上縫份（0.75cm）。
④底部加上返口記號（包含側身在內的1/2橫寬）。

搭配組合縫製波奇包

應用step1, 2學到的技能,動手縫製各式各樣波奇包吧!

※p.78～p.87作品的紙型與作法收錄於原寸紙型。

A. 剪接波奇包

搭配組合

橫向剪接 … p.30

夾在袋口的耳絆 … p.72

提把 … p.73

穿在拉片孔的配飾 … p.75

使用拉鍊

20cm

與基本的打底角波奇包(p.10)尺寸相同。大小受限的零碼布可充分活用剪接設計。袋口側為薄印花布,袋底使用耐用帆布。若在拉鍊脇邊夾入皮革耳絆,裝上可拆式提把,就能當作迷你包使用。

B. 筆袋

搭配組合
1：拉鍊在中央·四個角落 ... p.27
2：上窄下寬·淺 ... p.29
通用：穿在拉片孔的配飾 ... p.75

使用拉鍊
各20cm

可放入4〜5枝筆的瘦長筆袋。縫上
20cm拉鍊,橡皮擦等也能一併收納的
餘裕尺寸。有兩款,一是不處理拉鍊
上下耳直接縫在中央,二是摺疊拉鍊
上下耳後縫至頂部。拉鍊配飾都是使
用相同布料。

C.牛奶糖型波奇包

搭配組合
牛奶糖型・細 ... p.35
夾在拉鍊旁側的耳絆 ... p.72

使用拉鍊
20cm

只需山摺、谷摺的摺疊再縫合兩側，牛奶糖型波奇包的作法超簡單！若要加裡布，與拉鍊一起車縫、重疊表布摺疊，再以斜布條包捲脇邊縫份就ok。建議使用防水布或薄皮革進行一片縫製作。

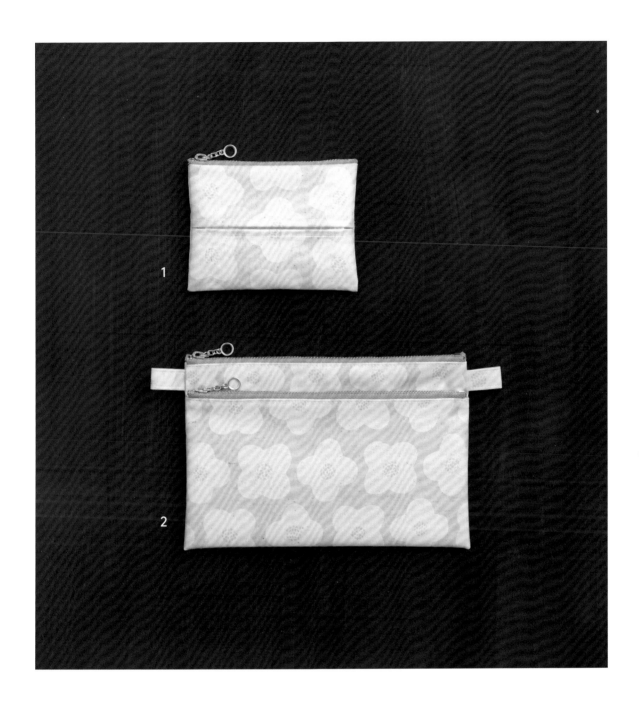

D. 面紙套&雙拉鍊波奇包

搭配組合
1：面紙套
拉鍊在頂部．底摺雙... p.24
2：雙拉鍊波奇包
3個口袋... p.32
夾在脇邊的耳絆... p.72

使用拉鍊
1：12cm／**2**：20cm（2條）

防水布的無內裡一片縫。面紙套與拉鍊包部分是獨立的。另一款雙層拉鍊波奇包在兩拉鍊間還夾著1個口袋，總共有3個口袋。可將用過的與備用品分開收納，亦可在耳絆裝上揹帶當作隨身包。

E. 三件組可套疊波奇包

搭配組合
全開式貝殼型 ... p.60

使用拉鍊
1：20cm／**2**：25cm／**3**：30cm

大中小三個貝殼型波奇包，套疊後收
進大波奇包剛剛好。根據用途選擇恰
當尺寸組合運用，增添樂趣。可以再
製作更大或更小的，加入更多夥伴！

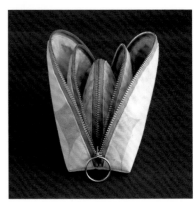

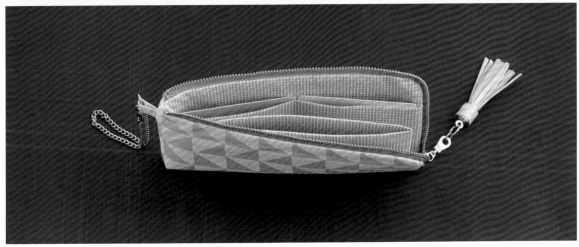

F. 長夾

搭配組合
L型・大 ... p.50
打褶口袋 ... p.76
夾在脇邊的耳絆 ... p.72

使用拉鍊
28cm

長夾的兩側各有兩個放卡片的口袋，中間有一個開放式口袋，收放紙鈔或存摺都沒問題。錢包的使用習慣因人而異，請視個人需求調整拉鍊開合方向或是中間口袋的樣式。

G. 縫紉包

搭配組合
頂部・脇邊側身 ... p.52
分隔口袋 ... p.77
夾在拉鍊旁側的耳絆 ... p.72

使用拉鍊
30cm

拉鍊接縫於側身的ㄇ型開口波奇包。內側加裝分隔式口袋,便於收納細長工具。側身有一定寬度,稍厚物品也能放入。若再製作一個針插固定於袋內,就一應俱全了!請配合手邊的工具大小進行設計。

H.零錢包

搭配組合
1：正圓・拉鍊在中央 ... p.62
2：1/4圓・拉鍊位於圓弧邊 ... p.66
3：圓角底 ... p.48
4：正圓・拉鍊在頂部 ... p.61

使用拉鍊
各10cm

手掌大的零錢包，每款都縫上10cm長拉鍊。零碼布也能製作，請從實作中感受形狀變化的趣味。收納飾品或藥品是另一種用法，當成小禮物送人也很合適。

I. 燜燒罐套

搭配組合
兩片圓＋環狀側身・深...p.69
基本型口袋...p.76
夾在脇邊的提把...p.74

使用拉鍊
33cm

以壓棉布製作圓筒型燜燒罐套，提升保溫力。外側加裝放置餐具等的口袋。拉成細長可當喝水的保溫杯套，放大就是鍋具保溫套。精確測量置入物品的尺寸動手吧！

J. 支架口金波奇包

搭配組合
支架口金・高…p.44
包覆拉鍊耳的襠布…p.73
基本型口袋…p.76
側身＋分隔式口袋…p.77
穿入拉片孔的配飾…p.75

使用拉鍊
35cm

安裝的支架口金，其魅力是可將開口張得很大又能keep住形狀。拉鍊使用兩頭相對的雙開型。包包內部，兩側各有一個不同樣式的口袋。請配合用途，在口袋的配置上花點心思。

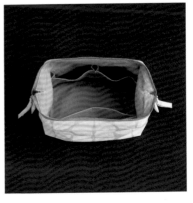

J. 支架口金波奇包

搭配組合
支架口金・高 … p.44
包覆拉鍊耳的襠布 … p.73
基本型口袋 … p.76
側身＋分隔式口袋 … p.77
穿入拉片孔的配飾 … p.75

使用拉鍊
35cm

安裝的支架口金，其魅力是可將開口
張得很大又能keep住形狀。拉鍊使用
兩頭相對的雙開型。包包內部，兩側
各有一個不同樣式的口袋。請配合用
途，在口袋的配置上花點心思。

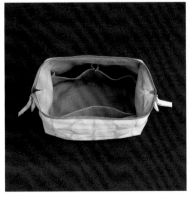

國家圖書館出版品預行編目資料

自己畫紙型！拉鍊包設計打版圖解全書 / 越膳夕香著；瞿中蓮譯.
-- 初版. -- 新北市：雅書堂文化事業有限公司, 2022.02
　面；　公分. -- (Fun手作；144)
ISBN 978-986-302-611-2(平裝)

1.手提袋 2.手工藝

426.7   110019078

【FUN手作】144

自己畫紙型！
拉鍊包設計打版圖解全書

作　　者／越膳夕香
譯　　者／瞿中蓮
社　　長／詹慶和
執行編輯／黃璟安
編　　輯／蔡毓玲・劉蕙寧・陳姿伶
執行美編／韓欣恬
美術編輯／陳麗娜・周盈汝
出 版 者／雅書堂文化事業有限公司
發 行 者／雅書堂文化事業有限公司
郵政劃撥帳號／18225950
郵政劃撥戶名／雅書堂文化事業有限公司
地　　址／220新北市板橋區板新路206號3樓
電　　話／(02)8952-4078
傳　　真／(02)8952-4084
網　　址／www.elegantbooks.com.tw
電子郵件／elegant.books@msa.hinet.net

2022年2月初版一刷　定價480元

經銷／易可數位行銷股份有限公司
地址／新北市新店區寶橋路235巷6弄3號5樓
電話／(02)8911-0825
傳真／(02)8911-0801

作者　越膳夕香

出生於北海道旭川市。曾擔任女性雜誌編輯，
後改當手藝作家，於手藝雜誌與書本等發表
包包、布小物與針織小物類作品。從和服布料
到皮革、毛線等，創作素材多元廣泛。開設
「xixiang手藝俱樂部」，學員可以喜歡的素材
自由創作，傳遞以個人風格製作日常生活用品
的樂趣。著有《自己畫紙型！口金包設計打版
圖解全書》、《皮革×布作！初學者的手作錢
包》、《好有型口金包製作研究書》、《新手
也能駕馭的41個時尚特選口金包》等，部分繁
體中文版著作由雅書堂文化出版。
http://www.xixiang.net/

STAFF

攝　　影／白井由香里
設　　計／アベユキコ
校　　對／森田佳子
編　　輯／加藤みゆ紀

協力廠商／
YKK（株）ファスニング事業本部
ジャパンカンパニー
https://www.ykkfastening.com/japan/

（株）KAWAGUCHI
https://www.kwgc.co.jp/

清原（株）
https://www.kiyohara.co.jp/

クロバー（株）
https://clover.co.jp/